Susanne Kleemann

KLASSISCHE HOMÖOPATHIE für Sportpferde

Regelkonforme Dopingprävention

gesund
erfolgreich
motiviert

Müller Rüschlikon

Einbandgestaltung: r2 I Ravenstein, Verden
Titelfoto: Ingo Wächter

Alle Angaben in diesem Buch wurden nach bestem Wissen und Gewissen gemacht. Sie entbinden den Pferdehalter nicht von der Eigenverantwortung für sein Tier. Für einen eventuellen Missbrauch der Informationen in diesem Buch können weder die Autorin noch der Verlag oder die Vertreiber des Buches zur Verantwortung gezogen werden. Eine Haftung für Personen-, Sach- und Vermögensschäden ist ausgeschlossen.

ISBN 978-3-275-02183-3

Postfach 103743, 70032 Stuttgart
Ein Unternehmen der Paul Pietsch Verlage GmbH & Co. KG

1. Auflage 2020

Sie finden uns im Internet unter www.mueller-rueschlikon-verlag.de

Innengestaltung: Sabine Heüveldop
Druck und Bindung: Graspo CZ, 76302 Zlin
Printed in Czech Republic

Inhalt

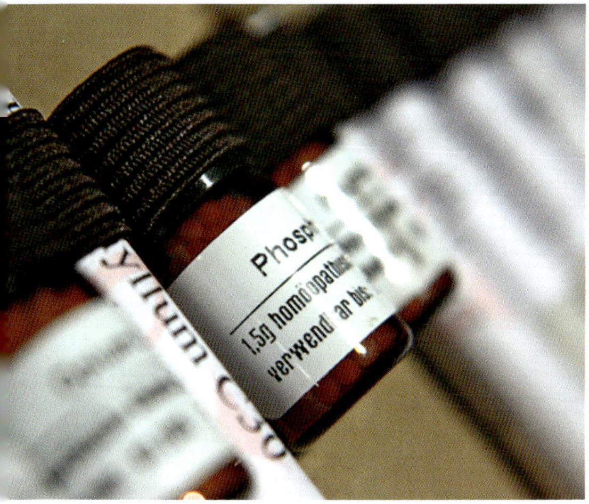

Sei anmutigen Gemüts, wenn du zu Pferde sitzest,
und dein Pferd wird anmutig sein.
(aus: Reitvorschrift für eine Geliebte von Rudolf G. Binding)

HINWEIS

Die Informationen in diesem Buch ersetzen nicht eine tierärztliche Untersuchung und Behandlung.
Homöopathische Arzneimittel- und Dosierungsempfehlungen sind als Richtlinien und nicht als bindende Angaben zu verstehen. Alle klinischen Informationen und Arzneimitteldetails wurden mit großer Sorgfalt und so genau und aktuell wie möglich verfasst. Für eventuelle Fehler oder Ungenauigkeiten wird keine Haftung übernommen.
Jede Applikation und Dosierung erfolgt auf eigene Gefahr.

Harmonie von Mensch und Pferd

Alle Pferdebesitzer und Pferdesportler sind selbstverständlich daran interessiert, dass es ihren Pferden gut geht und diese möglichst lange gesund und einsatzfähig sind.
Gute tierärztliche Betreuung im Heimatstall, notwendig werdende Aufenthalte in Pferdefachkliniken, aber auch die Einbeziehung von Pferdephysiotherapeuten oder -osteopathen schaffen heute umfassende Betreuungsmöglichkeiten für Pferde.
Schon seit Jahrzehnten habe ich auch die Möglichkeiten homöopathischer Therapie bei Pferden genutzt; um Gesundungsprozesse bei erkrankten Pferden zu beschleunigen, aber auch, um im Hochleistungssport erlaubte Medikationen nutzen zu können und das Wohlbefinden des Athleten Pferd zu optimieren.

Die Bedeutung homöopathischer Therapieansätze habe ich erstmals bei der Behandlung meiner Tochter kennengelernt. Bei ihr haben im Kleinkindesalter homöopathische Medikamente die langzeitige Cortisonbehandlung einer chronisch gewordenen Hauterkrankung erfolgreich ersetzt. Seitdem ist die Homöopathie bei uns zuhause nicht mehr wegzudenken.
Es war dann eine Selbstverständlichkeit, homöopathische Medikation, zumeist in Abstimmung mit Tierärzten, auch bei unseren Sportpferden anzuwenden. Zum Teil überraschend verlaufene Gesundungsprozesse haben mich, aber auch die mitarbeitenden Tierärzte, von der Wirksamkeit solcher schonenden Therapieansätze nachhaltig überzeugt.

Martin Plewa
Warendorf im Dezember 2019

Pferdemedizin verstehen

Ein erfolgreiches Sportpferd ist ein gesundes Sportpferd. Laut Weltgesundheitsorganisation ist Gesundheit »ein Zustand des vollständigen körperlichen, geistigen und sozialen Wohlergehens und nicht nur das Fehlen von Krankheit oder Gebrechen.«
Wir sind verpflichtet, unsere Pferde auf all diesen Ebenen zu unterstützen – und das nicht nur, wenn sie akut erkrankt sind. In unserem Alltag begegnen wir Tierärzte immer öfter Pferdebesitzern mit großem Interesse an alternativen Therapien. Gerade, weil das Thema Doping im Leistungssport noch nie so relevant war wie in den letzten Jahren, gibt es großes Potential für die Homöopathie im Pferdesport.
Nach ihrem betriebswirtschaftlichen Studium und langjähriger Tätigkeit in der Wirtschaft hat Susanne Kleemann ihre Leidenschaft für den Pferdesport mit einem Studium an der Schule für Tierhomöopathie in Egestorf in den Bereichen Tiermedizin, Ethologie, Psychologie und klassische Homöopathie zusammengebracht. In ihrer Facharbeit mit dem Titel »Einsatz und Möglichkeiten der klassischen Tierhomöopathie im Pferdesport« hat sie umfassend ausgearbeitet, welche Perspektiven sich daraus für die Behandlung von Sportpferden ergeben.
Im Laufe der letzten Jahre haben Susanne, Pferdebesitzer und ich eine Zusammenarbeit entwickelt, bei der wir im Team die Gesundheit des Pferdes in den Vordergrund stellen und eine Kombination von klassischer Tiermedizin und Homöopathie ermöglichen.
Susannes Neugier und ihr Respekt vor der klassischen Tiermedizin, ihre Liebe zum Pferd sowie ihre fundierten Kenntnisse in der Homöopathie, machen die Zusammenarbeit mit ihr immer zu einem großen Vergnügen.
Mit diesem Buch gelingt es ihr, an die Homöopathie wissenschaftlich heranzugehen, die Dopingproblematik zu thematisieren und dabei eine enge Verbindung zur Tiermedizin im Auge zu behalten.
Neben einer Ausarbeitung der theoretischen Grundlagen für die Homöopathie, wird für mehrere relevante Erkrankungen eine mögliche homöopathische Behandlung besprochen. Fallbeispiele helfen, die besprochenen Theorien und Behandlungen im praktischen Alltag zu verstehen. Der Leser erfährt, wann und welche homöopathische Methode während der Genesung effektiv helfen kann und wie sich die klassische Tiermedizin mit homöopathischen Behandlungen unterstützten lässt.

Die Kombination von klassischer Tiermedizin und Homöopathie in der Praxis ermöglicht ein effektives Gesundheitsmanagement für Sportpferde.

Dieses einzigartige Buch gewährt praktische und systematische Einblicke. Es liefert klare Beschreibungen von Beschwerden und ihren zugeordneten Heilmitteln. Somit wird eine Behandlung ermöglicht, die spezifisch auf das jeweilige Pferd und dessen Symptome zugeschnitten werden kann. Hieraus ergibt sich die beste Erfolgsaussicht.
Das Buch führt Möglichkeiten auf, unsere Sportpferde vor, während und nach dem Wettkampf therapeutisch und präventiv zu unterstützen, ohne das Risiko eines positiven Dopingtests. Susanne füllt mit ihrem Buch, das den Einsatz der »Homöopathie für Sportpferde« zusammenfasst, eine Marktlücke in der deutschen Literatur.
Ich wünsche Ihnen ein gesundes Pferd, eine erfolgreiche Sportkarriere, aber vor allem viel Spaß und Freude mit diesem Buch!

Dr. Colette Elmas
Lic. Vet. Med., DVSc, Diplomate ACVS
Pferdeklinik am Kottenforst, Wachtberg

Einleitung

Das vorliegende Buch befasst sich mit dem Spannungsfeld des Leistungssports und den sich daraus ergebenden gesundheitlichen Aspekten hinsichtlich Behandlung und Prävention von Erkrankungen des Sportpferdes.
Was unterscheidet das Sportpferd vom Freizeitpartner Pferd?
Hierzu Carsten Rohde, Gründer und leitender Tierarzt der Pferdeklinik am Kottenforst und zehn Jahre Team-Veterinär der deutschen Vielseitigkeitsequipe: »Zunächst ist der sportliche Einsatz von Pferden an drei Grundvoraussetzungen geknüpft. Stimmt nur einer dieser Faktoren nicht, kommt es leicht zu Überlastungen verbunden mit gesundheitlichen Einschränkungen.«

- Anatomische und physiologische Grundeigenschaften müssen sportliche Leistung ermöglichen, eine Steigerung der Leistung durch Training zulassen und Leistung im Wettkampf dauerhaft ermöglichen
- Psychologische Grundeigenschaften (Interieur) zur Leistungsbereitschaft, das heißt: Wille, Motivation und mentale Stärke
- Gesundheit

Sportpferde sind in der Regel größeren Belastungen ausgesetzt als Freizeitpferde.
Vor diesem Hintergrund erhält das effektive und erfolgreiche gesundheitliche Management des Pferdes besondere Bedeutung. Es geht darum, sowohl die körperliche Leistungsfähigkeit wie auch die mentale Leistungsbereitschaft des Pferdes zu erhalten und zu fördern.
Als weitere Besonderheit bei der Behandlung von Sportpferden müssen die jeweils geltenden Dopingbestimmungen berücksichtigt werden. Dies gilt insbesondere vor dem Turnier und während des Turniers. Dopingprävention beginnt also bereits mit einem effektiven Gesundheitsmanagement. Damit sind wir bei meiner Motivation für dieses Buch!
Ich möchte in erster Linie den sportlich orientierten Reitern mit der klassischen Homöopathie eine zusätzliche Therapiemöglichkeit an die Hand geben, um ihre Sportpferde im oben genannten Sinne gesund, fit und motiviert zu halten. Hierbei ist besonders hervorzuheben, dass homöopathische Arzneien ab der Potenz D7 aufwärts als ADMR-konform gelten. Eine Behandlung ist also vor und auch während des Turniers grundsätzlich möglich, ohne in Konflikt mit den geltenden Regeln zu geraten!
Natürlich sind die vorgestellten homöopathischen Arzneimittel nicht ausschließlich dem Sportpferd vorbehalten, die Auswahl der konkreten Anwendungsbeispiele orientiert sich aber an Erkrankungen, die gerade bei Sportpferden häufig auftreten, wie Erkrankungen des Bewegungsapparates oder der Atemwege.

Der Einsatz von Arzneien sowie auch Inhalts- und Zusatzstoffen – in Futter- und Pflegemitteln beispielsweise – während eines Turniers ist durch die Anti-Doping- und Medikamentenkontrollregeln (ADMR) reglementiert.

Das therapeutische Potenzial der klassischen Homöopathie ist, gerade auch beim Tier, immer noch weitestgehend unbekannt. Dieses Buch soll dazu beitragen, ein größeres Verständnis für die Therapiemethode zu entwickeln und die darin liegenden Chancen zu entdecken. Außerdem liegt es mir am Herzen, ganz klare Anwendungsmöglichkeiten aufzuzeigen. Einige Beispiele:

- Ihr Pferd hat sich im Vorfeld des Turniers verletzt oder ist erkrankt und die geltenden Dopingbestimmungen schränken die Behandlungsmöglichkeiten ein?
- Während des Turniers kommt es zu Konzentrationsschwächen, Fehlern und Stress durch Aufregung und Ängste?
- Ihr Pferd leidet an den Folgen der Belastung nach dem Turnier?
- Sie möchten die Rekonvaleszenz Ihres Pferdes professionell unterstützen, um den Heilungsprozess zu optimieren?
- Ihnen geht es um ein gesamtheitliches Gesundheitskonzept, mit dem Ziel ein physisches und psychisches Gleichgewicht Ihres Pferdes zu erreichen und aufrechtzuerhalten?

Anhand konkreter Falldokumentationen wird verdeutlicht, wie klassische Homöopathie im Sinne Hahnemanns praktisch angewendet werden kann, was dabei zu beachten ist und wie man nachvollziehbar zu dem passenden homöopathischen Mittel gelangt.
Gängige Praxis in den Turnierställen ist ein Zusammenwirken von Spezialisten, die sich um das Wohl der Sportpferde kümmern. Die Homöopathie kann aus meiner Sicht ein wertvolles Mosaiksteinchen im Gesundheitsmanagement rund um den Sportler sein.
Dabei ist wichtig zu erkennen, dass jede Therapiemethode auch ihre Grenzen hat. Weder die klassische Homöopathie, noch die konventionelle Tiermedizin kann alleine alle Erkrankungen heilen. Es gibt sie einfach nicht, DIE eine segenbringende Heilmethode, daher bin ich ein so großer Verfechter von interdisziplinärer Zusammenarbeit.
Aus meiner Sicht ist Kooperation und gegenseitiger Respekt gegenüber den unterschiedlichen Heilmethoden zielführend. Schließlich kann die Homöopathie sehr erfolgreich ergänzend und begleitend zur Schulmedizin eingesetzt werden.
Bei der Behandlung von Sportpferden geht es aus meiner Sicht darum, die jeweiligen Möglichkeiten, aber auch Grenzen der jeweiligen Therapie zu erkennen und – sofern möglich – durch andere Therapierichtungen zu erweitern. Hierfür lohnt sich die Kooperation mit den Kollegen der Tierärzteschaft und der Blick über den eigenen (homöopathischen) Tellerrand.
Um die unterschiedliche Methodik in Therapie und Sichtweise von konventioneller Medizin und klassischer Homöopathie zu verdeutlichen, werde ich in einer kurzen Einführung grundsätzliche theoretische Grundlagen der klassischen Homöopathie vorstellen.
Ich wünsche Ihnen viel Freude beim Lesen und Entdecken neuer Möglichkeiten. Beginnen Sie einfach, Erfahrungen mit der Homöopathie zu sammeln, aus Liebe zum Pferd und für die Balance zwischen Gesundheit, Leistung und Dopingprävention!

Ihre Susanne Kleemann

Theoretische Grundlagen *der Homöopathie*

DIE GESCHICHTE DER HOMÖOPATHIE

Dr. Samuel Hahnemann war ein deutscher Arzt, medizinischer Schriftsteller und Übersetzer. Er gilt als Begründer der Homöopathie vor mehr als 200 Jahren. Geboren wurde er am 10. April 1755 in Meißen/Elbe in der Nähe von Dresden.

Zeit seines Lebens forschte und experimentierte er, um die Homöopathie zu einer effektiven Therapiemethode zu entwickeln. Gestorben ist er am 2. Juli 1843 in Paris.

Hahnemann war ein Mann, der sein Wissen ständig erweiterte. Vor allem wollte er seinen Patienten helfen und seine Heilmethode immer weiter verbessern. Er sah sich als Nachfolger Hippokrates, der die Natur und den Menschen beobachtete und als Ganzes betrachtete.

1790 machte Hahnemann den berühmten Chinarinden-Versuch: Er hatte aus den Aufzeichnungen eines Kollegen erfahren, dass die Chinarinde einen Stoff enthielt, der offensichtlich bei der Behandlung von Malaria hilfreich war. Aber durch zu große Gaben wurden die Patienten damals oft geschädigt.

So entschloss er sich zu einem Selbstversuch und nahm geringe Mengen Chinarinde zu sich. Dies tat er über mehrere Tage. Als Reaktionen beschrieb er: Fieber, kalte Füße, Schweiß, Schwindel und andere Beschwerden – Symptome also, die den Beschwerden der Malaria ähnlich waren!

Aus seinen Beobachtungen zog Hahnemann seine erste wichtige Erkenntnis: Eine Substanz, die beim Gesunden Krankheitssymptome hervorbringt, ist im Stande, ähnliche Krankheitssymptome bei einem Kranken zu heilen. Daraus leitete er das Simile-Gesetz ab, das grundsätzliche Prinzip der Homöopathie:

Similia similibus curentur
Ähnliches soll durch Ähnliches geheilt werden.

Die Veröffentlichung der Ähnlichkeitsregel im Jahr 1796 gilt als Geburtsjahr der Homöopathie. In diesem Jahr formulierte und veröffentlichte Dr. Samuel Hahnemann dieses Prinzip.

Aus Goethes Brief

»... ich glaube jetzt eifriger denn je an die Lehre des wundersamen Arztes, seitdem ich die Wirkung einer allerkleinsten Gabe so lebhaft gefühlt und immer wieder empfinde.«

Johann Wolfgang v. Goethe
in einem Brief vom 2. September 1820
über Samuel Hahnemann

In den folgenden Jahren entwickelte Hahnemann die Theorie und Praxis der Homöopathie stetig weiter.
Um mehr Substanzen kennen zu lernen, waren weitere Arzneimittelprüfungen an gesunden Menschen notwendig. Zu diesem Zweck prüfte Hahnemann selbst im Laufe seines Lebens rund 200 unterschiedliche Substanzen. Zum Verfeinern seiner Erkenntnisse verabreichte er aber auch seiner gesamten Familie und getreuen Schülern die zu prüfenden Substanzen. Schon zu seiner Zeit trat er für die Anwendung der Homöopathie beim Tier ein.
Hahnemann beobachtete die Natur und ihre Gesetze genau. Dabei fand er Folgendes heraus: Wenn zwei äußere, allgemeine Reize (z.B. Krankheitserreger) gleichzeitig auf einen Körper wirken, unterdrückt der stärkere Reiz den schwächeren für einige Zeit.

Dr. Samuel Hahnemann (1755–1843)

Sind die beiden Reize aber sehr unterschiedlich, so wird der schwächere Reiz wieder zum Vorschein kommen, sobald der stärkere verschwunden ist.
Sind die beiden Reize sich jedoch sehr ähnlich, so wird der stärkere den schwächeren gänzlich auslöschen.
Daraus folgerte Hahnemann, dass eine Arznei, die ganz ähnliche Symptome, wie die einer Krankheit hervorrufen kann, diese heilen kann, wenn der Reiz dieser »Kunstkrankheit« etwas stärker ist als die zu heilende natürliche Krankheit.
Genau darum geht es in der Homöopathie! Die Ergebnisse aus seinen Forschungen und Erfahrungen und die sich daraus ergebenden Gesetzmäßigkeiten hat Hahnemann im Organon 6 der Heilkunst aufgeschrieben. Ein Werk, das meine Arbeit täglich begleitet!

Traditionell gilt Chinarinde als Heilmittel bei Malaria. Die Wirkung beruht auf dem Alkaloid Chinin, welches in konzentrierter Form giftig ist.

Einführung in die klassische Homöopathie

Individualität

Aus Hahnemanns Ähnlichkeitsprinzip ergibt sich, dass jedes Pferd individuell betrachtet werden muss. Das bezieht sich auf die Art und Weise einer Erkrankung oder Verletzung ebenso, wie auf das gesamte Pferd. Ich muss also fragen: »Mit was für einem Typ habe ich es zu tun? Was sind die charakteristischen Merkmale und Verhaltensweisen dieses Pferdes?« Dabei spielen durchaus auch äußere Merkmale eine Rolle. Handelt es sich zum Beispiel um einen kräftigen Warmblüter oder um ein eher hoch im Blut stehendes Pferd? Auch manche Rassen lassen mitunter einen Rückschluss auf bestimmte Arzneimittel zu.

Immer wieder interessant und aufschlussreich ist die erste Begegnung mit einem Tier: Ist es zugewandt und neugierig oder eher ängstlich und scheu? Entwickelt das sonst so freundliche Pferd plötzlich Aggressionen, oder sucht das eher forsche und auch schon mal freche Pferd plötzlich Nähe und Trost? Die Bandbreite möglicher Reaktionen ist vielfältig.

Ein weiterer individueller Aspekt ist der Einfluss von Wärme und Kälte. Dazu zählen sowohl witterungsbedingte Auswirkungen wie auch die Reaktion auf eine äußere Behandlung. Also friert das Pferd eher und sucht womöglich warme Plätze auf, empfindet es Erleichterung durch eine Decke? Oder leidet das Tier unter Wärme und versucht kühle Plätze zu finden? Wird die äußere Behandlung mit kaltem Wasser als wohltuend akzeptiert oder nicht?

Das Hahnemanndenkmal in Leipzig, wo der Arzt und Gelehrte einige Zeit wirkte.

Auch die Reaktion auf Bewegung hilft dabei, in Frage kommende homöopathische Arzneien zu differenzieren. Die entscheidende Beobachtung ist hierbei, ob sich der Zustand des Pferdes durch Bewegung bessert oder verschlechtert. Sucht es die Bewegung, was sich in einer gewissen Unruhe ausdrücken kann, oder versucht es, Bewegung nach Möglichkeit zu vermeiden? Läuft es sich ein oder nicht?
Die Ausdrucksformen und Verhaltensweisen des Pferdes können sehr vielfältig sein und unterscheiden sich von Tier zu Tier. Hier möchte ich Sie ermuntern gut hinzuschauen und Ihre Sinne zu schärfen. Nehmen Sie wahr, was jetzt ist – auch wenn sich der Patient gestern möglicherweise anders verhalten hat, so geht es um den gegenwärtigen Zustand. Hierauf erfolgt die homöopathische Verschreibung!

Ähnliches wird durch Ähnliches geheilt

So individuell betrachtet ist es ganz logisch, dass es in der Homöopathie keine Standardverschreibung für bestimmte Erkrankungen geben kann. Es wird immer der ganze Patient betrachtet und nicht ausschließlich die diagnostizierte Erkrankung, für die in der Homöopathie immer eine Vielzahl an Arzneien in Frage kommt. Und diese gilt es nach dem Ähnlichkeitsprinzip voneinander zu differenzieren.
Bevor wir im praktischen Teil des Buches ganz genau sehen, was das im Einzelfall bedeutet, möchte ich Ihnen an dieser Stelle ein Beispiel zum besseren Verständnis geben. Ich werde zum Beispiel oft gefragt »Hast Du etwas gegen Husten?« Dann muss ich immer schmunzeln und antworte: »Ja, so ungefähr 200 Arzneien!« Sicher gibt es darunter Mittel, die einen größeren Bezug zu Husten haben als andere, aber grundsätzlich kommen zunächst etwa 200 unterschiedliche homöopathische Arzneien in Frage. An dem Beispiel wird deutlich, wie wichtig die Betrachtung des individuellen Hustens ist, damit man eine Differenzierung nach dem Ähnlichkeitsprinzip vornehmen kann. Zur Differenzierung stellen wir uns immer wieder die Fragen:
WER ist der Patient?
WAS genau ist das zu Behandelnde?
WO ist die Erkrankung lokalisiert?
WIE äußert sich die Erkrankung?
WARUM ist die Erkrankung entstanden?
WANN (unter welchen Umständen) verbessert und WANN verschlechtert sie sich?
Bezogen auf das Hustenbeispiel: Gibt es ein auslösendes Ereignis (Causa) und wo genau sitzt der Infekt? Wie geht der Patient damit um? Ist er unbeeindruckt? Leidet er? Sucht er Nähe oder Distanz? Welchen Einfluss haben Wärme, Kälte und Bewegung? Und schließlich geht es auch um die Art und Weise des Hustens: Ist der Husten trocken, mit oder ohne Auswurf, sind weitere Absonderungen vorhanden und wie sehen diese aus?
Sie sehen, Husten ist nicht gleich Husten – und je mehr individuelle Symptome ich habe, desto besser bin ich in der Lage, die etwa 200 in Frage kommenden homöopathischen Arzneien nach dem Ähnlichkeitsprinzip zu differenzieren. Dieses Prinzip gilt natürlich gleichermaßen für alle anderen Erkrankungen oder Verletzungen.

In meinen Anamnesen versuche ich immer, das Charakteristische eines Patienten und dessen Erkrankung oder Verletzung herauszufinden. Je besser meine Arznei zu dem Patienten und seinem individuellen Zustand passt – je ähnlicher sie diesem ist – desto besser wird sie wirken. Ich versuche also quasi eine äquivalente homöopathische Arznei zu finden, die den Patienten mit seiner Erkrankung oder Verletzung bestmöglich repräsentiert.
Für mich sind die großen homöopathischen Mittel oftmals ebenso Persönlichkeiten wie die Patienten selbst, und manchmal komme ich mir bei der Suche nach dem passenden Mittel fast ein wenig vor wie Sherlock Holmes.

Paracelsus sagt:

»Alles ist Gift. Es ist die Dosis, die darüber entscheidet, ob eine Sache giftig oder ungiftig ist.«

(Paracelsus 1493–1541)

Potenzen und Dosierung

Mit dem Thema Potenzen tut sich die Wissenschaft ja immer noch etwas schwer. Immer mal wieder höre ich Bedenken, dass ein Mittel nicht wirken kann, wenn die Ausgangssubstanz so verdünnt wurde, dass diese chemisch nicht mehr nachweisbar ist. Wir schauen uns das mal etwas genauer an.
Konventionelle Medikamente erzeugen in der Regel eine – oftmals vorhersehbare – chemische Reaktion im Organismus. Im Gegensatz dazu werden homöopathische Arzneien eher als Information an die Lebenskraft betrachtet.
Man kann diesen Informationsgedanken am besten mit der Speicherung von Informationen auf CDs oder anderen Datenträgern vergleichen: Homöopathische Arzneien in höheren Potenzen sind chemisch alle gleich, genau wie CDs chemisch identisch bleiben, ganz gleich wie man sie bespielt. Aber die Information, die von ihnen übertragen wird, ist sehr verschieden, und nur sie löst die Wirkung aus! Die Information einer CD kann beliebig variieren, ebenso kann eine homöopathische Arznei vielfältige Informationen übermitteln. Schon Hahnemann hatte herausgefunden, dass Wasser ein Träger von Information sein kann und dass die Wirkung einer in Wasser gelösten homöopathischen Arznei stärker ist, als wenn dieselbe Arznei trocken aufgenommen wird. Das ist der Grund, warum ich homöopathische Arzneien immer in Wasser aufgelöst gebe.
Damit bei der homöopathischen Behandlung eine möglichst gute Wirkung erzielt wird, muss außer der Wahl der ähnlichsten Arznei auch eine Entscheidung über die passende Potenz und Dosierung des Mittels getroffen werden. Und auch dabei sind individuelle Gesichtspunkte zu berücksichtigen.
Es ist Hahnemanns Entdeckung, dass homöopathische Arzneien einerseits milder wirken und andererseits eine intensivere Heilwirkung entfalten, wenn sie nach einer bestimmten Methode verrieben und verschüttelt wurden. Diesen Vorgang nannte er Dynamisierung oder Potenzierung.
Potenzieren bedeutet »Kraft-Freisetzen«. Wenn Sie das wissen, dann wissen Sie schon ganz

viel, denn je höher die Potenz, desto stärker und präziser ist die Wirkung.
Im Potenzierungsverfahren wird die Ausgangssubstanz zunächst mit Milchzucker verrieben und mit einer alkoholischen Lösung stufenweise verdünnt. Ergänzt wird der Vorgang durch dazwischengeschaltete starke Schüttelschläge. Die genauen Herstellungsvorschriften sind im HAB (Homöopathisches-Arznei-Buch) festgelegt.
Je nach Verdünnungsgrad gibt es unterschiedliche Potenzarten. Wenn Sie in einer nicht auf Homöopathika spezialisierten Apotheke nach homöopathischen Mitteln fragen, erhalten Sie in der Regel D-Potenzen, die interessanterweise nur in Deutschland verbreitet sind.
D-Potenzen sind Verdünnungen im Dezimalsystem: 1:10 = ein Teil Arznei auf neun Teile Weingeist, 10-mal verschüttelt, ergibt die Potenzstufe D1.
Dann wird ein Teil der D1 wieder mit neun Teilen Weingeist versetzt und weitere 10-mal verschüttelt und man erhält die Potenz D2 usw.
Hahnemann hat nach überlieferten Informationen selbst keine D-Potenzen angewendet und auch die meisten klassischen Homöopathen arbeiten eher mit C-Potenzen, deren Wirkung intensiver ist.
Ich selbst verwende niedrige D-Potenzen (z.B. D6) nur in ganz ausgewählten Fällen. Zum Beispiel bei alten oder sehr geschwächten Patienten, oder aber bei der sogenannten organotropen Behandlung. Damit ist eine organspezifische Unterstützung, beispielsweise von Herz, Niere oder Leber, gemeint.
Auf Hahnemann selber gehen die C- und Q-Potenzen zurück.

Je verdünnter ein homöopathisches Mittel ist, desto stärker ist seine Wirkung und desto höher seine Potenz.

C-Potenzen sind Verdünnungen im Centesimalsystem: 1:100 = ein Teil Arznei auf neunundneunzig Teile Weingeist, 10-mal verschüttelt ergibt die Potenzstufe C1. Dann wird ein Teil der C1 wieder mit 99 Teilen Weingeist versetzt und weitere 10-mal verschüttelt und man erhält die Potenz C2 usw.
Aufsteigende gängige Potenzstufen sind nach der sogenannten Kent'schen Skala: C30, C200, C1000, C10.000, C50.000, C100.000, C500.000, C1.000.000 (C30, C200, M, XM, LM, CM, DM, MM).
Ab der Potenz D28 oder C12 ist kein Molekül einer Ausgangssubstanz mehr nachweisbar. Dementsprechend wirken niedrige Potenzen noch eher durch ihren materiellen Anteil.
Die Information an die Lebenskraft ist ab der Potenzstufe C30 und höher also rein qualitativer Art und damit weitgehend unabhängig von der Menge (Anzahl der Globuli oder Tropfen) der zu verabreichenden Arznei und ebenso unabhängig von Körpergröße oder Gewicht. Es kommt auf die Qualität des Reizes und nicht auf die Quantität an!
Q-Potenzen im Verdünnungsgrad 1:50.000 hat Hahnemann erst gegen Ende seines Lebens erforscht. Der Herstellungsprozess ist etwas aufwändig, soll für interessierte Leser hier aber kurz beschrieben werden: Alle Q-Potenzen müssen nach Hahnemann bis zur C3 verrieben werden, dies ist die Ausgangspotenz für die Q-Potenzen, ab diesem Punkt wird in flüssiger Form weiter dynamisiert.
Ein Gran (62,5 mg) der zu dynamisierenden Substanz wird mit 100 Gran Milchzucker eine Stunde verrieben (C1). Von diesem Pulver wird ein Gran abgenommen, welches wiederum mit 100 Gran Milchzucker eine Stunde verrieben wird (C2). Von diesem Pulver wird ein Gran abgenommen, das wiederum mit 100 Gran Milchzucker eine Stunde verrieben wird (C3). 1 Gran C3 wird in 500 Tropfen Alkohol/Wassergemisch gelöst = Stammlösung.
1 Tropfen Stammlösung + 100 Tropfen Alkohol werden 100-mal verschüttelt. So erhält man die Potenz Q1. Durch Befeuchten von 100 Streukügelchen mit der flüssigen Q1 erhält man nun die Q1 in Globuliform! Gängige Potenzstufen sind Q3, Q6, Q12, Q18, Q24, aber auch ansteigende Reihen Q1, Q2, Q3, Q4, Q5 usw.
Q-Potenzen kommen besonders dann zur Anwendung, wenn es bei einer Erkrankung sinnvoll ist, häufiger Impulse zu setzen, also meist bei schweren chronischen Erkrankungen oder, wenn schulmedizinische Medikamente aus therapeutischen Gründen erst ausgeschlichen werden müssen oder aber, wenn die Lebenskraft des Patienten sehr geschwächt ist.
Die Dosierung soll immer in angemessener Stärke zur Erkrankung erfolgen. Was heißt das? Die – durch die ähnlichste homöopathische Arznei ausgelöste – »Kunstkrankheit« muss stärker sein als die natürliche Krankheit, um diese Erkrankung auslöschen zu können.

§ 27 des Organon 6

»Die heilende Arznei muss die Gesamtheit der Symptome (die der Krankheit sehr ähnlich sind) selbst erzeugen können UND die Krankheit an Kraft (Stärke) übertreffen, um die Krankheit zu vernichten.«

Praktische Dosierungstipps

An dieser Stelle möchte ich Ihnen einen pragmatischen Tipp geben: Lassen Sie sich nicht von den Möglichkeiten der Potenzauswahl verwirren!

So kompliziert ist die richtige Wahl gar nicht, sie erfordert nur ein wenig Erfahrung.

In der Anfangszeit meiner homöopathischen Arbeit habe ich zunächst begonnen, mit der Potenz C30 zu behandeln. Damit kann man schon ganz viel erreichen und in der Regel wenig verkehrt machen. Diese Erfahrung möchte ich Ihnen gerne an die Hand geben. Niedrige D-Potenzen, wie sie in den Reitställen oft verwendet werden, sind einfach nicht tiefgreifend genug.

Wie Sie unschwer bis hierher erkannt haben, orientiert sich meine Arbeit an der Lehre Hahnemanns. Er begleitet mich sozusagen durch jeden Tag, daher möchte ich noch einen seiner, wie ich finde, sehr wichtigen Sätze zitieren:

So viel wie nötig und so wenig wie möglich!

Diese Aussage bezieht sich auf die Dosierung. In der Homöopathie ist es eben nicht so, dass viel auch viel hilft!

Nachfolgend einige Beispiele für Dosierungen, die ich häufig verwende: In sehr vielen Fällen ist ein (einziges) in 2–3 ml Wasser aufgelöstes Kügelchen, welches mittels einer kleinen Spritze (ohne Nadel) ins Maul des Pferdes verabreicht wird, der passende Beginn einer homöopathischen Behandlung.

Bei einem sehr empfindlichen Pferd oder einem Patienten mit angespannter Kreislaufsituation, verdünne ich stärker und löse das Kügelchen (1 Kügelchen!) in ca. 200 ml Wasser auf. Für das

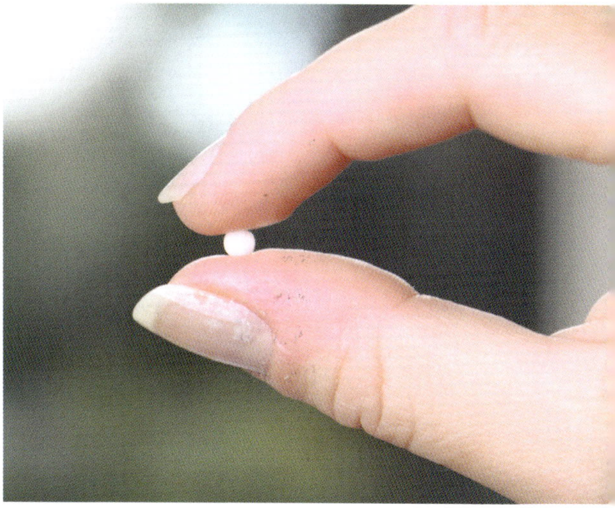

Weniger ist mehr – ein einziges Kügelchen reicht!

Ansetzen der Lösung hat sich in der Praxis ein Glas mit Schraubverschluss bewährt.

Aus dieser stärker verdünnten Arzneilösung bekommt der Patient 1–2 ml ins Maul verabreicht – mehr nicht! Und dann warten Sie erstmal ab, welche Reaktion darauf erfolgt.

Haben Sie keine Sorge, dass ein einziges Kügelchen nicht ausreichend ist. Es enthält die ganze Information der Arznei, die benötigt wird! Und nochmal, es kommt auf die Qualität des Reizes an und nicht auf die Quantität.

Für eine wiederholte Gabe derselben Arznei setze ich entweder ein Glas mit einem neuen Kügelchen in ca. 200 ml Wasser an. Alternativ schlage ich das Glas mit der bereits vorhandenen Arzneilösung 10-mal kräftig in die Handfläche oder auf eine elastische Unterlage. Dabei wird die Potenz der Arzneilösung (z.B. C30) nicht verändert, aber um zehn Schüttelschläge verstärkt. So nimmt der Organismus die Gabe derselben Arznei in der Wiederholung als neuen Reiz wahr.

Ich weiß, dass sich das zunächst etwas ungewöhnlich anhört. Aber denken wir nochmal daran, dass Wasser Informationen überträgt und Schüttelschläge die Wirkung verstärken. Hahnemann nannte diesen Prozess Dynamisierung.

Wenn ich die homöopathische Arznei immer wieder als trockenes Globuli verabreichen würde, bliebe dessen Information identisch! Bewahren Sie die Arzneilösung am besten an einem dunklen Ort auf. Sollten sich Schwebeteilchen absetzen, setzen Sie eine neue Arzneilösung unter Berücksichtigung der bisherigen Schüttelschläge an.

Wie reagiert der Patient auf die Arzneigabe? Homöopatisch zu behandeln heißt auch, gut zu beobachten.

Mit dieser sogenannten Split-Dose-Methode (gesplittete Dosis) machen wir uns einen Schritt aus dem Herstellungsverfahren von Potenzen – nämlich die Verstärkung der Wirkung durch Schüttelschläge zunutze.

Eine Anmerkung zum Thema Wiederholung der Arzneimittelgabe: Bei aller Individualität der Homöopathie, gibt es ein paar Grundsätze, an denen wir uns orientieren können. Hierzu möchte ich § 246 aus Hahnemanns Organon 6 der Heilkunst zitieren: »Jede merklich zunehmende Besserung schließt – solange sie anhält – eine Gabenwiederholung aus.«

Das bedeutet, dass nie in eine Verbesserung hinein eine Arzneimittelgabe wiederholt wird. Eine Wiederholung der Gabe ist dann angezeigt, wenn eine vorherige Besserung ins Stocken gerät, oder sich nach vorheriger Besserung wieder eine Verschlechterung des Zustandes einstellt!

Beurteilung der Reaktion

Mit welchen Reaktionen des Patienten können Sie nun rechnen?

1. Möglichkeit: Es tritt Besserung ein!

Solange das so ist, warten Sie weiter ab. Eine stabile Besserung erfordert keine Wiederholung oder eine andere homöopathische Maßnahme!

2. Möglichkeit: Eine Erstverschlimmerung!

Unter einer Erstverschlimmerung versteht man die Verstärkung der vorhandenen Symptome. Diese Reaktion zeigt, dass der Organismus auf die homöopathische Arznei reagiert, die Dosierung aber möglicherweise etwas zu hoch war und so zu der Überreaktion geführt hat. Die verstärkten Symptome sollten nach kurzer Zeit abklingen und sich dann eine Besserung einstellen.

Homöopathische Arzneien werden am besten in Gläsern aufbewahrt, die dunkel und trocken stehen.

Für eventuell notwendige Wiederholungen derselben Arznei, verdünnen Sie die Arzneilösung dann bitte stärker, um eine erneute Erstverschlimmerung zu vermeiden.
Hierzu entnehmen Sie nach dem Aufschlagen der vorhandenen Arzneilösung einen Teelöffel in ein zweites Glas und füllen dieses wieder mit Wasser auf. Aus der nun stärker verdünnten Lösung werden dann 1–2 ml entnommen und dem Pferd ins Maul verabreicht. Verwenden Sie zur Entnahme homöopathischer Lösungen immer Plastiklöffel und keine Metalllöffel.
Ich habe durchaus Pferdepatienten, die bekommen ihre homöopathische Gabe aus dem zweiten oder auch dritten Glas, weil sie sonst Überreaktionen zeigen und das möchte ich natürlich gerne vermeiden.

3. Möglichkeit: Es erfolgt keine Reaktion!
In diesem Fall überprüfen Sie sowohl die homöopathische Arznei wie auch die Höhe der Dosierung. Möglicherweise gibt es aber auch Heilungshindernisse, die eine Wirkung des Mittels beeinträchtigen.
Nach Hahnemann sind Heilungshindernisse »die Krankheit unterhaltende Ursachen«. Diese können in der Haltung, Fütterung oder Nutzung des Pferdes liegen. Es kommen aber auch ätherische Substanzen in Frage, zu denen Pferd oder Arznei Kontakt hatten.

Umgang mit homöopathischen Arzneien

Wenn Sie homöopathisch behandeln wollen, dann tragen Sie dafür Sorge, dass weder der Patient, noch die Arznei mit ätherischen Substanzen in Kontakt kommen, da diese Substanzen homöopathische Arzneien antidotieren, das heißt, sie heben deren Wirkung auf!
Ätherische Zusätze sind in vielen Pflegeprodukten und Futtermitteln enthalten, wie zum Beispiel in Fliegenspray, Kräutermüsli, Mash mit Kräutern oder Kühlsalben für die Pferdebeine.
Ebenso sollten homöopathische Arzneien nicht im Schrank neben Kampfer, Kühlgel oder ähnlichen Mitten aufbewahrt werden, sondern trocken, vor Hitze und Licht, insbesondere vor Sonnenlicht, geschützt.
Über den Einfluss elektromagnetischer Wellen auf Homöopathika gibt es zwar unterschiedliche Aussagen. Vorsichtshalber sollten Sie die Arzneien nicht in direkten Kontakt mit elektronischen Geräten, Computern oder Handys bringen.

Homöopathie und Schulmedizin

Wie Sie bereits kennengelernt haben, geht es in der Homöopathie darum, die Arznei auszuwählen, die in ihrer Wirkung dem individuellen Krankheitsgeschehen am ähnlichsten ist. Ein Patient wird mit seinen individuellen Symptomen immer ganzheitlich betrachtet, das Augenmerk liegt also nicht ausschließlich auf der diagnostizierten Krankheit. Die Erkrankung wird unter Berücksichtigung des Ganzen gesehen.

Bei der Dosierung gilt der Grundsatz: »So viel wie nötig und so wenig wie möglich!« Störungen der Lebenskraft äußern sich beispielsweise durch Symptome wie Fieber, Entzündungen, Schmerz, Schwellungen, Schleimproduktion oder Husten. Der Körper versucht so, eine Störung selbst zu regulieren. Nach Hahnemann sind Symptome nicht die Krankheit selber, sondern die Folge oder der Ausdruck einer zugrunde liegenden Störung.

Homöopathie und Schulmedizin betrachten eine Erkrankung auf unterschiedliche Weise.

Hahnemann forderte schon zu seiner Zeit »eine Heilung, die nicht nur schnell, angenehm, dauerhaft und sicher, sondern auch nach deutlich einzusehenden Gründen erfolgen soll.« (§2, Organon, 6. Auflage)

Die konventionelle Medizin

Die konventionelle Medizin konzentriert sich hauptsächlich auf die Pathologie und weniger auf die Betrachtung des Patienten in seiner Gesamtheit. Pathologie ist die Lehre von den abnormalen und krankhaften Vorgängen und Zuständen im Körper und deren Ursachen. Die Abweichungen vom physiologischen Zustand werden als Symptome bezeichnet.

Aus medizinischer Sicht wird die Behandlung von Symptomen und Krankheitserregern als Voraussetzung für Heilung verstanden. Diese zu entfernen ist daher Ziel der Behandlung. Abweichungen vom physiologischen Zustand werden klassifiziert und die Behandlung danach ausgerichtet. Die individuellen Merkmale und Ausprägungen des Patienten spielen eine eher untergeordnete Rolle.

Aus konventioneller medizinischer Sicht bestimmt also in erster Linie die Diagnose das Wesen und die Richtung der Behandlung. Diagnose bedeutet: Schlussfolgerung aus der Symptomkonstellation des Patienten im Sinne einer Zuordnung zu bekannten Krankheitsbildern – danach richtet sich die Therapie!

Krankheitsbilder dienen also dazu, den Krankheitsfall zu standardisieren und klassifizieren, um danach die Behandlungsstrategie auszurichten. Man könnte zusammenfassend sagen, dass die Schulmedizin generalisiert und die Homöopathie individualisiert.

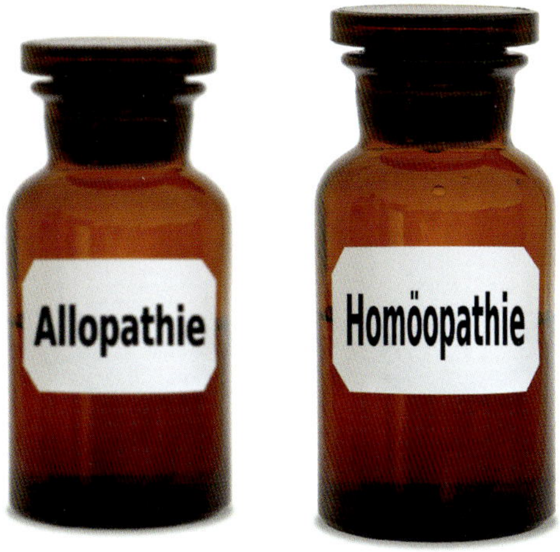

Allopathie generalisiert, Homöopathie individualisiert.

Verstehen Sie mich nicht falsch, ich möchte hier überhaupt keine Bewertung vornehmen, sondern nur die unterschiedliche Sicht- und Vorgehensweise der Homöopathie und der Schulmedizin darstellen.

Interdisziplinäre Zusammenarbeit

Nach meiner Beobachtung haben wir heute eine steigende Nachfrage bei Tierbesitzern nach homöopathischen Behandlungen – auch für Sportpferde. Dieses Interesse kann für konventionell praktizierende Tierärzte mitunter eine Herausforderung sein. Stellt sich für sie doch die Frage, ob sie sich selber auf dem Gebiet der Homöopathie weiterbilden oder mit einem Homöopathen kooperieren sollen, um zu vermeiden, Kunden in dieser Hinsicht nicht bedienen zu können.

Jede medizinische Ausrichtung hat Möglichkeiten und Grenzen – die Chance besteht in der Zusammenarbeit.

In jedem Fall wird das Thema nach wie vor kontrovers und teilweise auch emotional diskutiert. Hat recht, wer heilt? Bei dieser Fragestellung geht es immer auch um das Spannungsfeld zwischen alternativen Heilmethoden und evidenzbasierter (beweisgestützter) Tiermedizin.

Ich arbeite sehr viel mit Tierärzten und Pferdekliniken zusammen. Dabei habe ich den Eindruck gewonnen, dass die Kollegen in der Regel zu wenig Wissen und Erfahrung mit der Homöopathie haben, um in größerem Umfang selbst homöopathische Behandlungen durchzuführen. Daher sind sie für eine Kooperation mit kompetenten Fachleuten durchaus aufgeschlossen. Letztendlich sind es aber immer die Besitzer, die darüber entscheiden, welche Behandlung ihr Pferd erhalten soll.

Sowohl Schulmedizin als auch Homöopathie haben die Gesundheit des Patienten oder zumindest eine Verbesserung dessen Krankheitsbildes zum Ziel. Natürlich gibt es auch Erkrankungen, die keiner Heilung zugänglich sind – egal mit welcher Therapie!

Schauen wir uns nochmal an, was Hahnemann dazu gesagt hat: »Das höchste Ideal der Heilung ist schnelle, sanfte, dauerhafte Wiederherstellung der Gesundheit oder Hebung und Vernichtung der Krankheit in ihrem ganzen Umfang auf dem kürzesten, zuverlässigsten, unnachteiligsten Wege nach deutlich einzusehenden Gründen.« (§2, Organon, 6. Auflage)

Bedeutet das nun zwangsläufig, dass dieses Ziel ausschließlich durch eine klassisch homöopathische Behandlung zu erreichen ist?
Es geht doch darum, Möglichkeiten, aber auch Grenzen einer Therapierichtung zu erkennen und – sofern möglich – durch Anwendung anderer Therapierichtungen zu erweitern.
Der Therapeut muss dazu über fundierte Kenntnisse der Homöopathie sowie der Anatomie und Physiologie des Pferdes verfügen. Dadurch kann er seine eigenen Kompetenzen und Grenzen, aber auch die therapeutischen Maßnahmen anderer Verfahren richtig einschätzen.
Eine Grundlage für erfolgreiche interdisziplinäre Zusammenarbeit ist der Respekt gegenüber der jeweils anderen Therapierichtung sowie Transparenz im gemeinsamen Handeln. Hier kommt dem Pferdebesitzer oder Pfleger eine entscheidende Rolle zu, denn nur er kann ein Projekt mit mehreren Therapeuten im Sinne von Transparenz und abgestimmter Vorgehensweise managen.
Aus Sicht des Homöopathen spielt die Art und Weise der schulmedizinischen Medikation eine wesentliche Rolle in der Kooperation mit konventionellen Medizinern.
Je nach Vorbehandlung kann die Reaktion des Patienten beeinflusst sein und ist dann aus homöopathischer Sicht schwierig zu beurteilen. Zum Beispiel können die mittelanzeigenden Symptome verschleiert oder die Immunreaktion deutlich eingeschränkt sein.
In jedem Fall muss der Therapeut überlegen, welche Reaktion (Symptom) vom Pferd kommt und welche möglicherweise von den verabreichten Medikamenten? Das erfordert Erfahrung sowie Transparenz in der Abstimmung zwischen den Therapeuten. Im Zweifel ziehe ich mich zunächst auch mal zurück und lasse der Schulmedizin den Vortritt – genauso kann es aber auch umgekehrt sinnvoll sein! Je nach Zugang zum Patienten.
Aus Sicht der Homöopathie liegt ein Vorteil interdisziplinärer Zusammenarbeit sicher in der Nutzung moderner diagnostischer Verfahren. Dadurch kann eine genaue Lokalisation und das Ausmaß einer Erkrankung sichtbar gemacht werden, und der Homöopath kann auch unter klinischen Gesichtspunkten eine genaue homöopathische Verschreibung vornehmen.
Ich bin gerne sehr genau darüber informiert, womit ich es zu tun habe, und manchmal sind es auch die Informationen beispielsweise über die genaue Lokalisation einer Sehnenverletzung, die den Ausschlag für eine bestimmte homöopathische Arznei geben.
Dennoch bin ich als Homöopathin aufgefordert, die Erkrankung ganzheitlich zu betrachten. Dies ist ganz entscheidend bei der homöopathischen Behandlung von Sportpferden.
Hier sind wir bei einem entscheidenden Punkt hinsichtlich der homöopathischen Behandlung von Sportpferden. In den großen Ställen ist es manchmal schwierig, Ansprechpartner zu finden, die über die Individualität jedes Pferdes berichten können und Reaktionen auf eine Mittelgabe einerseits erkennen und andererseits auch die Zeit haben, diese zurückzumelden. Das macht die homöopathische Verschreibung und Beurteilung eines Fallverlaufs nach Hahnemanns Grundlagen manchmal etwas schwierig!
Ich bin also auf meine Sinne angewiesen, um wahrzunehmen: Wer ist der Patient? Wo ist die Erkrankung lokalisiert? Wie äußert sich die Er-

krankung? Zu mittelweisenden Modalitäten, wie Wärme- oder Kältepräferenz, oder den Einfluss von Bewegung habe ich oftmals keine Angaben. Was das zu Behandelnde ist, ergibt sich dagegen in der Regel aus der detaillierten klinischen Diagnose. Diese schätze ich sehr, weil sich daraus die Schwere einer Erkrankung sowie eventuell auch eine Prognose erkennen lassen.

Im Sportstall kommen außer der Schulmedizin oft begleitend auch zusätzliche Therapien zum Einsatz. Nach meiner Einschätzung sollte die Homöopathie dabei einen festen Platz einnehmen! Bietet sie doch – bei aller Individualität im einzelnen Krankheitsfall – effiziente Behandlungsmöglichkeiten.

Auch wenn Hahnemann gesagt hat, dass Homöopathie und Allopathie weder vereinbar noch zu vermischen sind, habe ich überwiegend gute Erfahrung in der Zusammenarbeit mit Tierärzten gemacht. Gemeinsam versuchen wir auf Augenhöhe das Beste für den Patienten zu erzielen. Dabei hilft, wie schon erwähnt, die Erkenntnis, dass jede Heilmethode ihre Grenzen hat, mal ist es die Schulmedizin und mal die Homöopathie. Keiner kann alles heilen und deshalb finde ich es sinnvoll, sich im Sinne der Patienten zusammenzutun.

Jede Therapiemethode hat auch Grenzen.

Die besten therapeutischen Ergebnisse erreichen wir aus meiner Sicht, wenn wir schulmedizinisches Wissen mit der Homöopathie und anderen Therapien, wie der traditionellen chinesischen Medizin (TCM), Osteopathie, Physiotherapie und Chiropraktik teilen.

In vielen Fällen kann eine allopathische Behandlung durch den Einsatz homöopathischer Arzneien überflüssig werden oder diese unterstützen. Dazu lohnt sich die Kooperation mit den Kollegen aus der Tierärzteschaft und der Blick über den eigenen – homöopathischen – Tellerrand.

Ziel ist immer, das gesamte Gleichgewicht im Organismus dauerhaft wiederherzustellen, die Lebenskraft zu stärken und so den Organismus gegenüber Erkrankungen widerstandsfähig zu halten. Erkrankte Gewebe oder Organe können regenerieren, Gemütsreaktionen, Ängste oder unsicheres Verhalten positiv beeinflusst werden.

Grenzen der Homöopathie

Natürlich hat die Homöopathie, genau wie alle anderen Wissenschaften, auch Grenzen. Das gilt für alle Fälle, die chirurgisch behandelt werden müssen. Eine begleitende Verschreibung homöopathischer Arzneien kann aber den Operationserfolg unterstützen und beispielsweise Schmerzen und Begleiterscheinungen oder Folgen einer Narkose lindern. Notfallpatienten benötigen schnelle, lebensrettende medizinische Unterstützung und professionelle Überwachung. Sie können aber in vielen Fällen begleitend homöopathisch unterstützt werden. Das ist immer im Einzelfall abzuwägen und natürlich die Entscheidung des Pferdebesitzers.

Sicher muss man sagen, dass ein reaktionsfähiger Organismus die Voraussetzung für eine erfolgreiche homöopathische Therapie ist. Wenn die Lebenskraft bei unheilbaren Erkrankungen nicht mehr in der Lage ist auf den Impuls der homöopathischen Arznei zu reagieren, kann unter Umständen nur noch eine Linderung der Begleitsymptome erreicht werden. Zu beachten sind auch Heilungshindernisse wie beispielsweise ätherische Substanzen, die homöopathische Arzneien antidotieren sowie unterhaltende Ursachen. Wenn diese nicht abgestellt werden können, wird der Patient keiner Therapiemethode zugänglich sein.

Möglichst artgerechte Haltung mit freier Bewegung, frischer Luft und Sozialkontakten ist die Grundlage für einen gesunden reaktionsfähigen Organismus, dessen Selbstheilungskräfte gut angesprochen werden können.

Das Besondere an der Behandlung von Sportpferden

Zunächst stellt sich die Frage, was unterscheidet das Sportpferd vom Freizeitpartner Pferd? Wie eingangs schon festgestellt, sind Sportpferde in der Regel größeren Belastungen ausgesetzt als Freizeitpferde.
Vor diesem Hintergrund erhält das effektive und erfolgreiche Gesundheitsmanagement besondere Bedeutung. Dabei geht es darum, sowohl die körperliche Leistungsfähigkeit wie auch die mentale Leistungsbereitschaft des Pferdes zu erhalten und zu fördern.
Diese Anforderung rückt die Homöopathie als Therapiemethode noch ein wenig mehr in den Vordergrund, denn hier haben wir die Möglichkeit, auch auf die psychische Verfassung des Pferdes einzuwirken.

Sportpferde haben körperlich und mental größere Belastungen als Freizeitpferde.

Das soll nicht heißen, dass wir Einfluss auf den Charakter nehmen, das ist unmöglich! Aber oftmals können Ängste gemildert werden, das Selbstvertrauen gestärkt oder auch Konzentration und Motivation positiv gefördert werden.
Es ist mir ein Anliegen, an dieser Stelle nochmal auf das Thema des Ansprechpartners im Sportstall hinzuweisen. Die Homöopathie ist ein hocheffizientes »Werkzeug«, welches seine ganze Wirkung aber nur entfalten kann, wenn wir die Grundsätze der Individualität und Ähnlichkeit berücksichtigen.
Bei der Vielzahl zu betreuender Pferde rückt der Blick für das einzelne manchmal ein wenig in den Hintergrund. Damit gehen individuelle Merkmale hin und wieder leider verloren.
Jetzt kommt es natürlich auch darauf an, was gerade das zu Behandelnde ist. Geht es um eine akute Verletzung oder um eine chronische Störung? Bei einer akuten Verletzung sind die klinischen Aspekte mit zu berücksichtigen, und natürlich gibt es auch in der Homöopathie sogenannte bewährte Indikationen. Aber das Zünglein an der Waage für die Verschreibung ist immer die individuelle Ausprägung – auch bei einer akuten Verletzung. Sie ahnen schon, worauf ich hinaus möchte. Homöopathisch zu behandeln bedeutet etwas Aufwand, nicht nur für den Homöopathen, sondern auch für Besitzer, Pfleger oder Betreuer des Pferdes.
Eine erfolgreiche Therapie erfordert Zeit, angefangen bei der Anamnese bis zu den zunächst regelmäßigen Rückmeldungen über die Reaktion des Patienten nach Verabreichung einer Arznei.
Das ist zu Beginn etwas ungewohnt, spielt sich aber ein und wird im Laufe einer erfolgreichen Therapie immer weniger aufwändig. Lassen Sie sich also davon nicht abhalten.
Mir ist es ganz wichtig, die Betreuer der Pferde »mitzunehmen« und meine Vorgehensweise zu erläutern – im Sinne Hahnemanns »nach gut einzusehenden Gründen«. Dann entwickeln die Beteiligten meist ein gutes Verständnis für die Reaktionen des Patienten.

Regelungen im Turniersport

Der Sport zu Pferde hat lange Tradition und wird bis in die heutige Zeit durch viele verschiedene Disziplinen repräsentiert. Turniere, Championate und Rennen finden das ganze Jahr über in allen Teilen der Welt statt.

Gesundheit und mentale Stärke sind Voraussetzungen für Erfolg im Sport.

Doch Pferdesport ist teuer und ohne Sponsoren oder Mäzene nicht durchführbar. Der Sport befindet sich daher in einem Spannungsfeld unterschiedlicher Interessen. Einerseits muss das Wohl der Pferde an erster Stelle stehen, andererseits ist ein Spitzenpferd auch eine Investition, die sich aus Sicht der Eigentümer rentieren muss. In diesem Spannungsfeld sind Leistungs- und Erfolgsdruck unvermeidbar.
Die Pferde müssen so gemanagt werden, dass möglichst schnell finanzielle oder sportliche Erfolge realisiert werden können.
Mit der Homöopathie wird vielfach langsame Wirkung impliziert, doch der Erfolg soll sich schnell einstellen. Erkrankte Pferde sollen möglichst schnell wieder fit für den Wettkampf sein, ein Umstand, der hier und da zu Diskussionen führt. Zeit- und Ergebnisdruck lasten auf allen Therapeuten, die in diesem Umfeld arbeiten. Als weitere Besonderheit bei der Behandlung von Sportpferden müssen die jeweils geltenden Dopingbestimmungen berücksichtigt werden – insbesondere vor und während des Turniers.

Medikation

Die Anti-Doping- und Medikamentenkontroll-Regeln (ADMR) der Deutschen Reiterlichen Vereinigung (FN) sind Bestandteil der Leistungs-Prüfungs-Ordnung (LPO) und schaffen national eine verbindliche Basis, um den Pferdesport als fairen Sport betreiben zu können. Die Regeln definieren Nachweis- und Untersuchungsverfahren, die Art der Verstöße und mögliche Sanktionen.

Fairer Sport

Informationen zu den Anti-Doping- und Medikamentenkontrollregeln liefert die Broschüre der FN: **Fairer Sport – Sicher und sauber durch die Turniersaison.** Kostenfrei über: www.pferd-aktuell.de

Für die Teilnahme an Turnieren hat die FN nachfolgende Grundregeln aufgestellt:

- Das Wohl des Pferdes steht über allen anderen Ansprüchen und Interessen.
- Erst wenn eine Krankheit vollständig auskuriert ist, darf ein Pferd am Wettkampf teilnehmen.
- Das Pferd ist zum Zeitpunkt des Wettkampfes frei von verbotenen Substanzen.
- Die verantwortliche Person ist immer der Reiter, Fahrer, Longenführer, Voltigierer, Besitzer und/oder Eigentümer.

Tierärzte und Reiter sind in dem Dilemma, das Turnierpferd bei Erkrankung adäquat zu behandeln bzw. behandeln zu lassen. Sie müssen einerseits der Gesundheit des Pferdes gerecht werden, dürfen aber andererseits die geltenden Bestimmungen nicht verletzen. Im Wettkampf selber können die Pferde nur sehr eingeschränkt behandelt werden.
Auch bei Tierärzten besteht teilweise große Unsicherheit hinsichtlich der Nachweiszeiten von Medikamenten, da sich die Dopinganalytik stetig weiterentwickelt, der Nachweis auch von der Applikationsart, der Menge des verabreichten Medikamentes und dem Zustand des Pferdes abhängig ist.

Im Pferdesport gelten strenge Regeln für Medikation, homöopathische Arzneien ab der Potenzstufe D7 und höher sind grundsätzlich erlaubt!

Die Nachweiszeit kann also pauschal nicht verlässlich vorhergesagt werden.
Hier kann die Homöopathie wirksam unterstützen. Da homöopathische Arzneien ab der Potenz D7 als ADMR-konform gelten, ist eine Behandlung jederzeit möglich.
In der Liste der verbotenen Substanzen sowie der verbotenen Methoden vom 1.1.2019 werden Homöopathika in einer Dilution (Verschüttelung) kleiner beziehungsweise gleich D6 als verbotene Substanz aufgeführt. Es gelten 48 Stunden Karenzzeit bis zur Potenzstufe D6 einschließlich. Ab einer Dosierung von der Potenzstufe D7 ist die Verabreichung von Homöopathika ADMR-konform!
Pferde können also auch während eines Turniers homöopathisch behandelt werden, wenn die Potenzstufe höher als D6 ist. Die von mir empfohlene Potenzstufe C30, liegt weit über diesem Grenzwert! Grundsätzlich muss allerdings gelten, dass das Pferd auch prinzipiell nach Abklingen akuter Beschwerden fit to compete und damit einsatzfähig ist.

Im Galopprennsport gilt seit langem eine Null-Lösung: Ein Pferd, das unter dem Einfluss von Medikamenten oder dopingrelevanten Substanzen steht, ist nicht zum Rennen zugelassen!
Dopingrelevante Substanzen und Medikamente, die medizinisch keine Indikation haben, dürfen hier auch im Training nicht verabreicht werden. Um dies zu überprüfen, werden regelmäßig unangekündigte Trainingskontrollen durchgeführt. Dabei werden nicht nur Dopingproben genommen, sondern auch die Trainingsverhältnisse überprüft.
Die Regeln im Galopprennsport besagen ganz klar: Wenn ein Pferd Medikamente braucht, dann kann es nicht gleichzeitig an Rennen teilnehmen! Das möchte ich ausdrücklich unterstreichen! Dennoch gibt es Umstände, unter denen Leistungssportler geringfügig beeinträchtigt sind – sei es beispielsweise durch die Reaktion auf einen Insektenstich oder eine leichte Bindehautentzündung. Hier kann die Homöopathie helfen.

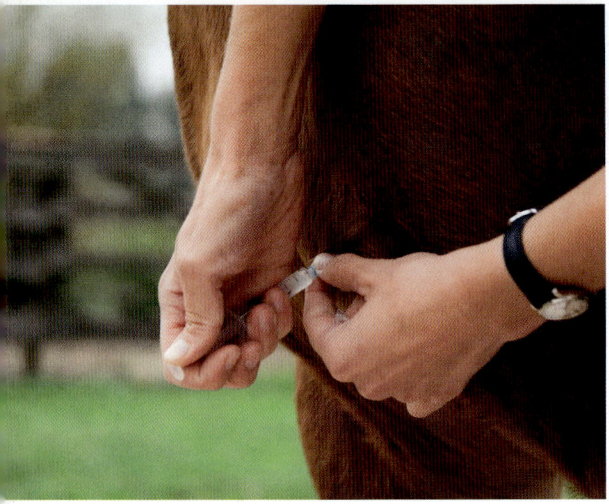

Impfungen fordern Organismus und Immunsystem.

Grundsätzlich halte ich es für eine gute Maßnahme, die jungen Vollblüter auf ihrem Weg im Rennsport homöopathisch zu begleiten, sei es um die Genesung von Verletzungen oder Erkrankungen zu unterstützen oder aber generell die Konstitution der jungen Pferde zu fördern und sie physisch wie psychisch zu festigen.

Impfungen

Für Turnierpferde gilt eine Impfpflicht. Pferde, die nicht gegen Influenza-Viren geimpft sind, sind auf Turnieren (Pferdeleistungsschauen) nicht zugelassen beziehungsweise werden disqualifiziert.
Außer der Influenza-Impfung wird eine Impfung gegen Herpes empfohlen. Eine ordnungsgemäße Impfung gegen Tetanus wird als selbstverständlich vorausgesetzt.
Niemand stellt die Vorteile von Impfungen im Hinblick auf den Schutz der Pferde vor schweren Erkrankungen in Frage. Aber es gibt Tiere, die auf Impfungen mit Krankheitssymptomen reagieren, denn Impfungen sind immer ein Eingriff in das Immunsystem und können dieses vorübergehend schwächen.
Nach einer Impfung können Schwellungen und Schmerzen an der Injektionsstelle entstehen, ebenso allergische Reaktionen mit einer Beeinträchtigung des Allgemeinzustandes, mitunter auch begleitet von Fieber.
Ein professionelles Gesundheitsmanagement hat die Aufgabe, Impfungen mit dem Erhalt der Leistungs- und Einsatzfähigkeit des Pferdes in Einklang zu bringen.
Für eine homöopathische Behandlung bedeutet das gewisse Einschränkungen, denn diese erfordert einen reaktionsfähigen Organismus. Nach einer Impfung ist der Körper allerdings erst einmal mit der Reaktion hierauf beschäftigt, auch wenn keine Nebenwirkungen aufgetreten sind.
Ich setze daher eine homöopathische Behandlung nach Impfungen zunächst aus, auch um zu sehen, welche Reaktion im Einzelnen erfolgt, um dann nach Beruhigung des Geschehens adäquat mit der Behandlung fortzufahren. Das kann unter Umständen bedeuten, dass mögliche Impfreaktionen zunächst im Fokus der Behandlung stehen, bevor eine weitere Therapie fortgesetzt wird.
Thuja, Sulphur und Silicea haben beispielsweise besonderen Bezug zu Beschwerden nach einer Impfung. Manchmal ist es auch so, dass die Wirkung der homöopathischen Arznei durch die Impfung beeinträchtigt ist, so dass diese dann wiederholt werden muss.

HOMÖOPATHIE
in Training
und Wettkampf

Erkrankungen des Bewegungsapparates

Sportpferde müssen physische und psychische Höchstleistungen bringen. Diese sollen möglichst punktgenau abrufbar sein und über mehrere Wettkampftage anhalten. All das ist nur möglich, wenn die Pferde zielgerichtet trainiert sind.

Ein trainierter Organismus ist nicht nur leistungsfähig, sondern schützt auch vor Verletzungen. Solange Muskulatur so gut trainiert ist, dass sie die geforderte Leistung erbringen kann, wird der passive Bewegungsapparat nicht so stark beansprucht.

Erhöhte Muskelkraft alleine führt jedoch nicht unmittelbar zur Steigerung der Leistungsfähigkeit. Um Leistung langfristig zu erbringen, muss außer der körperlichen Fitness und Ausdau-

Training ist grundlegend für Leistungsfähigkeit und dient außerdem der Gesundheit.

er auch die psychische Verfassung der Pferde belastbar sein. Es ist unstrittig, dass psychisches Wohlbefinden die Grundlage für sportliche Leistung ist.
Homöopathische Unterstützung kann dazu beitragen, die Balance zwischen Leistungsbereitschaft und Leistungsfähigkeit sowie den Ausgleich des Gemüts herzustellen. So können Pferde physische und psychische Belastungen besser verkraften. Die ganzheitliche Sicht des Homöopathen auf den Leistungssportler umfasst eben sowohl die mentale Verfassung wie auch die verletzungsbedingten körperlichen Symptome.
Körperliche Anstrengungen verbunden mit Turnier- und Reisestress haben aber auch Einfluss auf das Immunsystem, das wir homöopathisch unterstützen können.

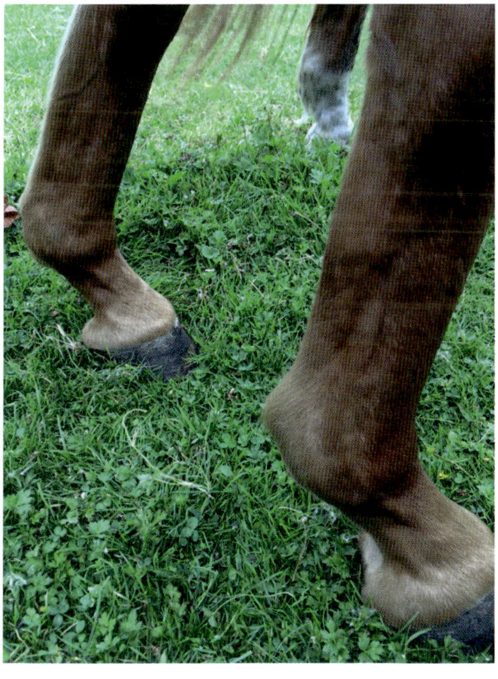

Insbesondere Sehnen sind verletzungsanfällig.

Dennoch erleiden viele Pferde im Laufe ihrer Karriere Sehnen-, Bänder- oder Gelenkverletzungen, die ihren weiteren Einsatz im Sport gefährden. Bei einer orthopädischen Verletzung bietet die Homöopathie ebenfalls verschiedene Möglichkeiten einer effektiven und unterstützenden Therapie.
Im Folgenden möchte ich Ihnen die häufigsten Erkrankungen des Bewegungsapparates und die aus meiner Sicht dafür in Frage kommenden homöopathischen Arzneien vorstellen.

Sehnenverletzungen

Sehnenerkrankungen gehören bei Sportpferden zu den häufigsten Lahmheitsursachen. Sie sind immer Folge von Belastung über die Elastizitätsgrenze des Gewebes hinaus. Betroffen sind vor allem der Fesselträger, die oberflächliche und tiefe Beugesehne sowie das Unterstützungsband der tiefen Beugesehne.
Mit zunehmender Belastung in Training und Sport »altert« auch Gewebe, daher nimmt das Risiko von Schäden besonders bei Leistungspferden in fortgeschrittenem Alter zu.
Als weitere Ursachen kommen bereits erwähnte Überlastungen als Folge von Muskelermüdung in Frage sowie schlechte Bodenverhältnisse oder auch Stellungsfehler oder fehlerhafte Hufbearbeitung, die Schäden begünstigt. Ebenso kann natürlich eine äußere Verletzung ursächlich sein und auch die individuelle Widerstandskraft der Strukturen spielt eine Rolle.
Sehnen und Bänder sind von Natur aus wenig mit Blutgefäßen versorgt, daher verlaufen Heilungsprozesse oftmals nur schleppend.

Eine sofortige und effektive Behandlung kann Folgeschäden wie übermäßige Narbenbildung erheblich reduzieren.
In jedem Fall erfordert die Regenerationsphase Geduld! Bis das Pferd wieder belastbar ist können sechs Monate, unter Umständen bis zu einem Jahr, vergehen.
Eine entscheidende Rolle bei der Behandlung von Sehnenerkrankungen spielt auch kontrollierte Bewegung, die förderlich für eine bestmögliche Heilung ist. Jede noch so intensive Behandlung kann nicht zum Erfolg führen, wenn keine konsequente Nachsorge in Form eines kontrollierten Bewegungsprogramms erfolgt. Erst danach kann das Training wieder aufgenommen werden.
Was passiert im Organismus, wenn eine Sehnenverletzung vorliegt?
Im Akutfall wird zunächst Gewebeflüssigkeit ausgeschüttet, um die Entzündung zu bekämpfen. Für den optimalen Heilungsprozess ist es wichtig, den Zellstoffwechsel und die Zellregeneration zu unterstützen, damit die Entzündungsstoffe schnell wieder abtransportiert werden können. Dadurch bleiben möglichst wenig Schäden im Gewebe mit anschließender Narbenbildung zurück.
Narbengewebe ist gefürchtet, weil die Fasern einfach nicht so elastisch und belastbar sind wie gesunde Fasern – dadurch steigt die Verletzungsgefahr.
Alle heute gängigen Therapieformen wie beispielsweise Stoßwellen- und Laseranwendungen, Injektionen mit Heparin, Hyaluronsäure oder bioregenerative Therapien haben daher das Ziel, den Zellstoffwechsel im Gewebe zu fördern und damit den Heilungsprozess anzuregen und Schmerz zu verringern.
Die Homöopathie hat auch das Ziel der Zellregeneration, verfolgt aber einen anderen Ansatz.
Durch den Impuls der ähnlichsten Arznei sollen die Selbstheilungskräfte des Körpers dazu angeregt werden, den gewünschten Heilungsprozess in Gang zu setzen. Regeneration geschädigten Gewebes und Schadstoffabtransport werden so unterstützt. Der Bildung von ungünstigem Narbengewebe wird dadurch entgegengewirkt und somit gute Voraussetzungen dafür geschaffen, die Elastizität verletzten Sehnengewebes zu verbessern.
Erfahrungsgemäß benötigt die homöopathische Behandlung von Sehnenverletzungen eine Abfolge mehrerer unterschiedlicher Arzneien. Bei der Auswahl des ähnlichsten Mittels sind – wie in jedem Fall homöopathischer Behandlung – die individuellen Modalitäten und Symptome zu berücksichtigen. Hilfreich ist es, die Ursache der Verletzung zu kennen und mittels Diagnostik auch Lokalisation und Ausmaß der Schädigung.

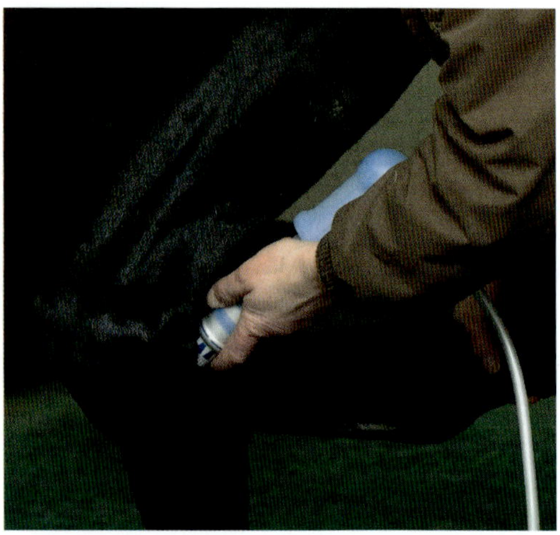

Stoßwellentherapie bei Sehnenverletzung.

ARNICA MONTANA (ARN) (Bergwohlverleih)

Je schneller wir bei einer akuten Sehnenverletzung mit der Behandlung beginnen, desto besser kann sich der Heilungsverlauf darstellen. Oftmals beginne ich in einem solchen Fall mit Arnica. Das ist ein Grund, weshalb ich Ihnen empfehle, Arnica C30 sowohl im Stall vorrätig zu haben und auch auf dem Turnier. Arnica ist die Königin der Arzneien bei der Behandlung von Traumen und als erstes Verletzungsmittel sehr bekannt.

Unter dem Einfluss dieser Arznei werden die kleinen Kapillargefäße erweitert, dadurch kann ein Blutstau oder Ödem schneller abgebaut werden. Durch die bessere Durchblutung kommt es zu einer schnelleren Regeneration des Gewebes, und einer anschließenden Narbenbildung kann entgegengewirkt werden. Die ersten Entzündungsreaktionen des Körpers mit Schwellungen und Ödembildung werden ebenfalls abgemildert, sodass die erste Ultraschalluntersuchung im Idealfall bereits Ergebnisse zeigt.

Arnica ist aber nicht nur ein großes Mittel bei Verletzungen aller Art, sondern lindert auch die oft mit Unfällen verbundenen Schrecksymptome augenblicklich ab!

Wirkspektrum:

- Akute Verstauchungen
- Prellungen (vor allem mit Einblutung)
- Quetschungen
- Zerrungen
- Stumpfe Schlageinwirkung
- Folgen von Sturz u.o. Unfall
- Spätfolgen von Unfällen und Überanstrengung
- Unfälle mit allen Arten von Gewebetraumata
- Hämatome
- Folgen von Überlastung
- Folgen von Schreck und Schock

Arnica montana, das Verletzungsmittel.

Achtung, Kontraindikation!

Eines liegt mir besonders am Herzen: Wegen der Beeinflussung der Kapillardurchlässigkeit ist Arnica bei starken Blutungen kontraindiziert!

Bitte geben Sie Arnica daher nicht bei offenen, stark blutenden Wunden oder vor Operationen!

Für diese Verletzungen gibt es besser passende Arzneien!

Unabhängig von den Beschwerden ist Arnica ebenfalls das Mittel der Wahl, wenn Beschwerden als Spätfolge einer – selbst Jahre zurückliegenden – mechanischen Verletzung auftreten.

Besondere Indikation:
Der Patient lässt sich nicht gerne berühren! Auffällig ist, dass Tiere im Arnica-Zustand sich nur ungern berühren lassen. Die Tiere sind meistens sehr schmerzempfindlich und haben dadurch Angst, berührt zu werden. Diese Empfindlichkeit betrifft vor allem die verletzten Körperregionen.
Arnica bereitet oftmals als erstes Mittel den Weg in die Heilung vor. Es kommt aber vor, dass die Arznei nicht ausreicht und noch weitere Mittel erforderlich sind. Um die richtige Wahl zu treffen, sind vor allem die Modalitäten von entscheidender Bedeutung. Es gilt genau hinzuschauen!

Modalitäten

Verschlechterung des Zustandes durch:
- Geringste Berührung
- Annäherung von Personen
- Erschütterung
- Anstrengung
- Feuchte Kälte
- Bewegung

Verbesserung stellt sich ein durch:
- Ruhe – vor allem durch Liegen, was wir beim Pferd nicht so häufig feststellen.

Rhus toxicodendron (Rhus-t) (Giftsumach)

Auch Rhus toxicodendron, der Giftsumach, ist ein sehr häufiges Mittel bei akuten Verstauchungen und folgt oft sehr gut auf Arnica.

Wirkspektrum:
- Akute Verstauchungen
- Sehnen- oder Bänderzerrungen und -risse
- Sehnen und Sehnenscheidenentzündungen
- Folgen von: Verletzung, Sturz, Prellung
- Überanstrengung des Bewegungsapparates
- Überdehnung von Bändern und Sehnen

Besondere Indikation:
Das Charakteristische von Rhus toxicodendron, oder kurz Rhus tox, sind dessen Modalitäten! Auffallend ist, dass Beschwerden und Schmerz sich durch Ruhe verschlimmern. Der Patient läuft sich ein, das heißt, die Lahmheit ist zu Beginn der Bewegung deutlich und bessert sich nach einiger Zeit! Wenn die Belastung jedoch bei weiterer Beanspruchung zunimmt, kommt es wieder zu einer Verschlechterung der Bewegungsqualität. Oftmals ist auch eine allgemeine nervöse Unruhe der Pferde erkennbar. Sie laufen hin und her, legen sich nur selten und wenn, dann nur für kurze Zeit. Der Grund hierfür ist die spürbare Besserung der Beschwerden durch Bewegung.
Die Modalität der Besserung durch Bewegung ist entscheidend für die Verordnung von Rhus tox! Wenn ich diese Charakteristik nicht erkennen kann, verschreibe ich die Arznei nicht, auch wenn die klinische Indikation noch so gut passt.

Modalitäten

Verschlechterung des Zustandes durch:

- Bewegungslosigkeit und Ruhe
- Zu Beginn der Bewegung
- Längere Belastung
- Bei kalter Luft, feuchter Witterung, Nebel
- Kalt werden nach vorheriger Erhitzung
- Abnehmen der Decke (frieren)

Verbesserung stellt sich ein durch:

- Trockene Wärme (eindecken)
- Warme äußere Anwendungen
- Fortgesetzte Bewegung (einlaufen)

Rhus toxicodendron, der Giftsumach, ist ein überwiegend in Nordamerika heimischer Strauch.

In solch einem Fall suche ich nach einem besser passenden, das heißt ähnlicherem Mittel.Verordnen Sie Ihrem Pferd also am besten 1–2 Stunden Ruhe, bevor Sie dessen Bewegung beurteilen, ansonsten können Sie diese wichtige Modalität nicht erkennen.
Rhus tox-Patienten sind sehr empfindlich gegenüber Kälte und Feuchtigkeit. Auffallend ist die Besserung der Symptome durch Wärme. Bei Sportpferden gehört der Bewegungsapparat zu den besonders beanspruchten Regionen und akute Sehnen-, und Bänderverletzungen zu den häufigsten Lahmheitsursachen. Neben Arnica ist Rhus tox hierbei eine Arznei, die am häufigsten Anwendung findet und in keiner homöopathischen Stall-, und Turnierapotheke fehlen sollte.

Wenn Arnica bei Verstauchungen und Zerrungen die ersten besonders schmerzhaften Symptome behoben hat, ist Rhus tox immer dann das Mittel der Wahl gegen die nachfolgende Schwäche der überdehnten Strukturen, wenn es dem Pferd bei fortgesetzter Bewegung besser geht.
Patienten die Arnica benötigen, wollen sich nicht gerne berühren lassen, bei einem Rhus tox-Zustand können die Pferde mitunter rastlos, erregt und reizbar reagieren. Dieser Gemütszustand muss aber nicht immer vorhanden sein, wenn die Verletzung Ihres Pferdes in das Wirkspektrum von Rhus tox passt und die charakteristischen Modalitäten wie beschrieben zutreffen, zögern Sie nicht Rhus tox zu geben.

Bryonia (Bry) (Weiße Zaunrübe)

Ein weiteres gutes Folgemittel nach Arnica ist Bryonia. Die Arznei ist auch häufig im Anschluss an Rhus tox angezeigt oder aber auch umgekehrt. Anhand der Modalitäten lassen sich beide Mittel sehr gut voneinander unterscheiden.

Auffallend und charakteristisch an Bryonia ist die Verschlimmerung durch jegliche Form von Bewegung. Dabei ist es egal, um welches Krankheitsbild aus dem Wirkspektrum von Bryonia es sich handelt!

Damit sind die mittelweisenden Modalitäten genau gegensätzlich zu Rhus tox. Nicht nur was die Auswirkung von Bewegung angeht. Ein Bryonia-Zustand verbessert sich durch Kälte, zum Beispiel durch intensives Kühlen. Warme Anwendungen, wie bei Rhus tox, werden vom Patienten nicht toleriert. Auffällig ist auch, dass Pferde erkrankte Gliedmaßen im Stehen belasten oder sogar darauf liegen, denn starker Druck verbessert ebenfalls die Beschwerden.

Bryonia ist eine Kletterpflanze mit großer, wasserspeichernder Wurzel. Sie gehört zu den Kürbisgewächsen.

Modalitäten

Verschlechterung des Zustandes durch:

- Jede Form von Bewegung
- Leichte Berührung
- Wärme

Verbesserung stellt sich ein durch:

- Kühlen und auch frische Luft
- Ruhe
- Starken Druck
- Liegen auf der schmerzhaften Seite

Wirkspektrum:

- Akute Sehnenscheidenentzündungen (frischer Bogen der Sehne)
- Akute Verstauchungen und Zerrungen, meist mit deutlicher Schwellung

Besondere Indikation:

Egal, um welche Krankheit es sich handelt, egal welches Organ betroffen ist, egal welche Art von Schmerz, egal welche Diagnose gestellt wird – Wenn Bewegung zu einer deutlichen Verschlechterung der Beschwerden führt, der Patient ein ausgeprägtes Verlangen nach Ruhe hat und fester Druck seine Beschwerden verbessert, ist Bryonia das erste Mittel, an das man denken muss!

Pferde, zu denen Bryonia passt, suchen Ruhe. Bewegung und leichte Berührungen verschlimmern ihre Schmerzen. Außerdem können die Pferde sehr gereizt und abweisend reagieren.

Ruta graveolens (Ruta)
(Gartenraute oder Weinraute)

Ruta ist eine eher kleine Arznei mit sehr spezifischem Wirkspektrum. In aller Regel wird Ruta als Folgearznei eingesetzt– nach Arnica zum Beispiel.
An dieser Stelle möchte ich nochmal auf den Fesselträger eingehen: Insbesondere der Fesselträgerursprung – hier haftet der Fesselträger am Knochen an – ist bei Verletzungen häufig betroffen. Dabei kommt es mitunter zu Ausrissen im Bereich des Röhrbeinknochens.

Wirkspektrum:
- Akute Verletzung im Fesselträgerapparat
- Verletzung der Beugesehnen und Sehnenansätze
- Verletzungen durch Zerreißungen von Sehnen u.o. Bändern
- Verstauchung, Zerrung, Quetschung von Gewebe
- Verletzung und Entzündung des Periosts (Knochenhaut)

Besondere Indikation:
Ruta hat großen Bezug zu mechanischen Traumen von Knochen und Knochenhaut sowie Ansatzstellen von Sehnen. Ähnlich wie Rhus tox ist Ruta geeignet zur Behandlung von Beschwerden des Bindegewebes beziehungsweise bindegewebreicher Strukturen. Auch die Modalitäten erinnern an Rhus tox. Das ist ein Grund, warum eine klare klinische Diagnose wichtig ist. Wenn wir genau wissen, wo die Verletzung lokalisiert ist, haben wir weitere Anhaltspunkte, um die passende Arznei auszuwählen.

Ruta graveolens hat kleine Blätter und kleine, gelbe Blüten mit vier Blütenblättern.

Durch besonderen Bezug zu den Ansatzstellen von Sehnen und Bändern sowie Verletzungen der Knochenhaut, denke ich bei Fesselträgerschäden eher an Ruta als an Rhus tox!
Im Gegensatz zu Rhus tox-Pferden sind Ruta-Patienten nicht so unruhig. Wir sehen bei ihnen auch keine deutliche Verschlechterung zu Beginn der Bewegung. Ebenso führt Wärme nicht zu deutlicher Verbesserung.
Manche Pferde sind während einer Behandlung mit Ruta auffallend unruhig, ängstlich und schreckhaft.

Modalitäten

Verschlechterung des Zustandes durch:
- Feuchte Kälte
- Bewegungslosigkeit, Ruhe

Verbesserung stellt sich ein durch:
- Bewegung
- Wechsel der Körperhaltung

FALLBEISPIEL

DIAGNOSE: »FESSELTRÄGER«

Patient: Wallach, ausgebildet bis Grand Prix, zum Zeitpunkt der Verletzung 12 Jahre alt.
Symptomatik: Deutliche Hinterhandlahmheit.

Diagnose: Hochgradige Verdickung des Fesselträgerschenkels, leicht unruhiger Faserverlauf, Fesselbeugesehnenscheide mittelgradig vermehrt gefüllt, leicht verdicktes Fesselringband, Fesselträgerursprung mit unruhiger Knochenkontur.
Akute Verletzung eines bereits bestehenden chronischen Schadens.

In der Tierklinik hatte der Wallach eine Eigenblutbehandlung mittels plättchenreichem Plasma (PRP) bekommen.
Die Prognose der Tierärzte: 6–9 Monate Ruhe, Rezidivrate 60%! Die Rezidivrate beschreibt die Häufigkeit des Wiederauftretens einer Erkrankung nach temporär erfolgreicher Behandlung. Noch bevor das Pferd in der Tierklinik vorgestellt worden ist, hatte es eine Gabe Arnica C1000 erhalten.
Als große Arznei für Verletzungen und die Folgen von Überanstrengung, wirkt Arnica schmerzlindernd und fördert die im akuten Fall so wichtige Resorption von Exsudaten (entzündlichen Absonderungen).
Der Begriff Resorption leitet sich aus dem lateinischen Verb »resorbere« für »aufsaugen« ab. Gemeint ist die Aufnahme von Substanzen in einem Organismus.
Die weitere Behandlung erfolgte mit Ruta, da die Knochenhaut (Periost) beteiligt war. Ruta ist nach Arnica das Hauptmittel für frische Verletzungen des Periosts und hat einen besonderen Bezug zu Erkrankungen und Überanstrengungen von Sehnen, insbesondere der Sehnenansatzstellen, Bänder, Gelenke und Knochen.

Dosierung: 1 Kügelchen Ruta C200 in 200 ml Wasser aufgelöst, daraus jeweils 1 ml ins Maul verabreicht – insgesamt 4 Gaben im Wochenabstand.

Das Pferd machte in der Zeit einen sehr guten Eindruck. Es wurde leicht im Schritt bewegt, war agil und sah insgesamt gut aus. Nach drei Monaten erfolgte die erste Nachuntersuchung in der Klinik.
Mehrere Ultraschalluntersuchungen zeigten zur Überraschung des behandelnden Tierarztes eine gute Heilung des geschädigten Fesselträgergewebes. Die Fasern begannen bereits, sich wieder parallel auszurichten.

Das Pferd lahmte nur noch geringgradig (klassifiziert mit max. 1 auf einer Skala von 0 bis 5). Damit hatte der Tierarzt nach eigener Aussage nicht gerechnet.

An der Knochenhaut waren jetzt leichte Auftreibungen zu sehen, möglicherweise Folgen einer alten Verletzung. Ich setzte daher die Behandlung mit Calcium fluoricum C200 fort (2 Gaben im 4-Wochen-Abstand).

Calcium fluoricum ist eine Arznei für chronische Folgen von Verletzungen, Knochentraumen, Periosttraumen mit Tendenz zur Calcifizierung (Kalkablagerung).

Nach weiteren drei Monaten präsentierte sich der Wallach bei der zweiten Nachuntersuchung lahmfrei. Auf dem Ultraschallbild waren keine Calcifizierungen mehr zu sehen, die Faserstruktur war parallel ausgerichtet. Das Pferd durfte wieder langsam antrainiert werden.

Meiner Erfahrung nach trägt ein langsam zu steigerndes konsequentes Bewegungsprogramm entscheidend zur Genesung bei. Das zuvor verletzte Gewebe muss vorsichtig gekräftigt werden, ohne dieses erneut zu überlasten.

Der Phase des wieder Antrainierens kommt entscheidende Bedeutung zu – hier ist weniger oft mehr.

Als Fazit kann man sagen, dass die Heilung mit Unterstützung der Homöopathie sehr gut verlaufen ist und deutlich schneller erfolgte als ursprünglich prognostiziert.

Gefürchtete Diagnose

Jeder fürchtet die Diagnose »Fesselträger«, ist doch der Fesselträgerapparat eine ständige und oftmals hoch belastete Struktur, die sehr empfindlich und anfällig für Ermüdungsreize ist.

Bei frischen Läsionen geht es zunächst darum, die Selbstschädigung des Gewebes durch Entzündungsstoffe zu verhindern. Es sollen sich möglichst schnell neue, belastbare und längs ausgerichtete Fasern bilden. Gleichzeitig soll die Bildung von wenig belastbarem Narbengewebe möglichst vermieden oder zumindest minimiert werden.

Bei chronischen Verletzungen gilt es den körpereigenen Regenerations- und Reparaturmechanismus zu aktivieren.

FALLBEISPIEL

Langwierige Fesselträgerverletzung

Patient: 10-jähriger Wallach, Dressurpferd
Symptomatik: Lahmheit hinten rechts, das Bein wird nachgezogen, äußerlich ist nichts zu sehen.

Als wir mit der homöopathischen Behandlung beginnen, ist die Fesselträgerverletzung hinten rechts bereits seit drei Monaten konservativ behandelt worden und die Heilung nun ins Stocken geraten.
Die klinische Behandlung bestand bis dahin aus entzündungshemmenden Medikamenten, die lokal an den Fesselträger gespritzt wurden, gefolgt von einer Eigenblutbehandlung (PRP), da die Ultraschalluntersuchung nicht zufriedenstellend und die Beugeprobe zudem wieder schlechter ausgefallen war.
Die homöopathische Behandlung mit Ruta C200 ist zunächst eher lokal ausgerichtet.
Bei der Kontrolluntersuchung nach drei Wochen zeigt der Ultraschall bereits eine deutliche Verbesserung, das Pferd ist lahmfrei!
Zur weiteren Unterstützung des Heilungsprozesses wird noch eine weitere PRP-Injektion (Platelet Rich Plasma) vorgenommen, homöopathisch arbeiten wir weiter mit Ruta C200.
Weitere drei Wochen später zeigte die Kontrolle in der Klinik, dass die verletzten Strukturen wieder hergestellt waren, sodass der Reiter mit einem aufbauenden Training beginnen konnte.
Der ins Stocken geratene Heilungsprozess hatte durch die homöopathische Arznei offenbar positive Impulse bekommen und entwickelte sich positiv weiter. Das Zusammenwirken von klinischer und homöopathischer Behandlung hat letztendlich relativ schnell zu einer Wiederherstellung der verletzten Sehnenstruktur geführt.

Ein Kügelchen, mehr nicht!

FALLBEISPIEL

Traumatische Verletzung des Unterstützungsbandes

Patient: 13-jährige Stute, Springpferd
Symptomatik: Harte, warme, relativ schmerzunempfindliche Schwellung unterhalb des Karpalgelenks, Lahmheit vorne links

Das Pferd hatte sich eine traumatische Verletzung des Unterstützungsbandes am linken Vorderbein zugezogen. Es ist nicht zweifelsfrei geklärt, wie das passiert ist, ein Trauma durch äußeren Einfluss scheint aber wahrscheinlich. In der betroffenen Region hatte sich eine harte und erstaunlicherweise relativ schmerzunempfindliche Schwellung gebildet.
Als erste Maßnahme verschreibe ich Arnica in hoher Potenz (C1000). Arnica ist als großes Verletzungsmittel bei einem stumpfen Trauma indiziert.
Die Tierärzte in der Klinik diagnostizierten einen ca. 30–40%-igen Defekt des Unterstützungsbandes und injizierten ein entzündungshemmendes Medikament. Das Pferd soll bis zur Nachkontrolle in vier Wochen täglich Schritt geführt werden.
Homöopathisch begleiten wir die Therapie zunächst mit Rhus tox als wirksame Arznei insbesondere für Sehnen-, Bänder- und Muskelverletzungen und deren Folgen.
Nach vier Wochen ergibt die Kontrolle in der Klinik ein ermutigend positives Ergebnis. Das Pferd wird weitere vier Wochen täglich im Schritt geführt und dann zur nächsten Überprüfung vorgestellt. Es war noch keine vollständige Heilung erreicht, woraufhin ein Medikament zur Durchblutungsförderung gespritzt wurde. Da Rhus tox die Verletzung nicht komplett ausheilen konnte, wird die begleitende homöopathische Behandlung mit Ruta fortgesetzt. Nach weiteren vier Wochen ist das Unterstützungsband zu 100% verheilt. Die Ultraschallkontrolle und alle Lahmheitsuntersuchungen sind ohne Befund.
Insgesamt hat die Heilungsphase knapp vier Monate gedauert.
Dieser Fall zeigt, wie wichtig Diagnostik auch für eine homöopathische Behandlung ist und dass Tiermedizin und Homöopathie sich sehr gut ergänzen können.
Sportpferde unterliegen einem hohen Verletzungsrisiko vor allem des Bewegungsapparates. Wie Sie an den Fallbeispielen sehen, werden in der Homöopathie häufig mehrere Arzneien nacheinander eingesetzt. Ich empfehle Ihnen daher die vorgestellten Mittel Arnica, Rhus toxicodendron, Ruta und auch Bryonia für den Fall der Fälle bereit zu halten.

Huferkrankungen

Wenn ein Pferd geboren wird, ist es bereits gut beschuht, und die Hufe bilden ein Leben lang sein Fundament. Grund genug, hier mal etwas genauer hinzuschauen, denn alle Erkrankungen können zur Unbrauchbarkeit als Sportpferd führen. Auch deshalb gebührt dem Huf besonderer Stellenwert.

Je nach Erkrankung oder Verletzung ist Geduld gefordert, das komplette Nachwachsen des Hufhorns vom Kronsaum aus benötigt mindestens 12 Monate.

Äußere Einflussfaktoren wie Umgebungsfeuchte, Bodenverhältnisse und hygienische Bedingungen beeinflussen die Hornqualität. Aber auch die genetische Festlegung, Ernährung und die individuelle Nährstoffverwertung des Pferdes haben einen Einfluss auf die Beschaffenheit der Hufe. Ob die Hufe hell oder dunkel sind scheint dagegen keinen Unterschied auszumachen. Bei aller Pflege und bestem Management kann es dennoch zu Erkrankungen oder Verletzungen des Hufes kommen.

Die Hufe bilden das Fundament des Pferdes.

Huflederhautreizung und -entzündung

Die Huflederhaut verbindet die Hornkapsel mit dem Hufbein und ist ein stark durchblutetes und nervenreiches Gewebe, das sehr schmerzempfindlich ist.
Verletzungen oder Entzündungen sind in diesem Bereich für das Pferd deshalb so schmerzhaft, weil die starre Hornkapsel nur wenig nachgeben kann. Dadurch üben Schwellungen oder Ödeme starken Druck aus.

Mögliche Ursachen:
Zu kurz bearbeitete Hufe oder Quetschungen durch falsch platzierte Hufnägel kommen als mögliche Ursache ebenso in Betracht wie Reizungen und Entzündungen der Huflederhaut in Folge ungewohnter Belastung auf hartem Boden. Manchmal ist es auch das abgerissene Hufeisen, das eine Huflederhautreizung verursacht, und manche Pferde reagieren auch fühlig, wenn Hufbearbeitung und Beschlag fachgerecht ausgeführt wurden.

Arnica montana (Arn)
(Bergwohlverleih)

Arnica habe ich im Kapitel der Sehnenverletzungen ausführlich beschrieben, daher soll an dieser Stelle die Indikation für eine Huflederhautreizung oder –entzündung genügen.
Bei allen traumatisch bedingten Huflederhautreizungen oder –entzündungen, die sich durch Quetschung von Gewebe auszeichnen, denke ich als erste Arznei an Arnica. Durch die Weitung der kleinen Kapillargefäße kann ein Blutstau oder Ödem schneller abgebaut werden und durch die bessere Durchblutung kommt es zu einer schnelleren Geweberegeneration und der Reduzierung von Schmerzen.

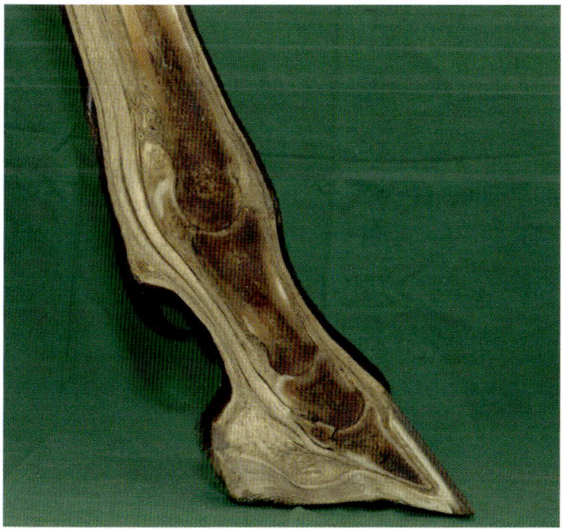

Überblick über die Anordnung von Knochen, Gelenken und Sehnen.

Arnica, das große Verletzungsmittel.

Ledum palustre (Led)
(Wilder Rosmarin)

Die zweite Arznei, an die ich bei einer Huflederhautreizung oder -entzündung denke, ist Ledum palustre.
Ledum ist vor allem dann angezeigt, wenn die Temperatur der Hufe unauffällig ist, oder sich diese sogar besonders kühl anfühlen, obwohl aufgrund der Entzündung Wärme zu erwarten wäre.
Homöopathen nennen Ledum auch den »homöopathischen Eisbeutel«, denn folgende Aussage ist charakteristisch für diese Arznei: »Es ist kalt – ihm ist kalt und Kälte bessert.« Das bedeutet, dass die erkrankte Region eher kalt ist, der Patient mitunter friert und Kälte seinen Zustand bessert!
Das Kühlen der Hufe bringt dem Ledum-Patienten Linderung und ist als begleitende Maßnahme sehr zu empfehlen.

Ledum palustre ist ein Heidekrautgewächs.

Modalitäten

Verschlechterung des Zustandes durch:
- Lokale Wärme
- Warme Luft
- Bewegung auf hartem Boden

Verbesserung stellt sich ein durch:
- Kalte oder eiskalte Anwendungen
- Kaltes Wetter
- Frische Luft
- Ruhe

Wirkspektrum:
- Huflederhautreizung
- Huflederhautentzündung
- Abgerissenes Eisen mit anschließender empfindlicher Lederhaut
- Zu kurz bearbeitete Hufe
- Fühligkeit nach (auch korrektem) Beschlag

Besondere Indikation:
Wir werden dieser Arznei im Verlauf des Buches noch häufiger begegnen, da sie einen großen Bezug zu akuten Erkrankungen oder Verletzungen hat.
Für Huflederhautreizungen oder -entzündungen ist Ledum angezeigt, wenn Arnica bei Quetschungen, Prellungen oder Öde-

men keine vollständige Heilung erreicht hat. Entscheidend ist der Bezug zur Kälte. Die Patienten frieren, sind kalt und fröstelig und dennoch verlangen sie nach Kälte für die betroffene Region. Das gilt auch dann, wenn sich die Hufe gar nicht warm anfühlen.
Sollten Sie Ledum bei zu kurzgeschnittenen Hufen einsetzen, bedenken Sie bitte, dass das Hufhorn dennoch nur etwa 7–8 mm im Monat wächst und die Empfindlichkeit natürlich auch davon abhängt.
Einigen meiner Patienten, die vorher immer etwas empfindlich auf den frischen Beschlag reagiert hatten, tut eine Gabe Ledum direkt im Anschluss an den Hufschmied-Termin gut, so dass der Beschlagtermin nicht mehr in Einklang mit dem Turnierkalender gebracht werden muss. Aber bitte schauen Sie nach dem Ähnlichkeitsprinzip, ob die Arznei auch passend für Ihr Pferd ist.

Nageltritt oder Vernagelung durch den Schmied

Das Eindringen eines spitzen Gegenstandes in den Huf kann zu Verletzungen führen, die oft unterschätzt werden. Ein eingetretener Nagel kann tiefer gelegene Strukturen wie Hufbein, Strahlbein, die tiefe Beugesehne oder Schleimbeutel verletzen und Bakterien in das Hufgelenk eindringen. In solchen Fällen besteht auch die Gefahr einer Tetanus-Infektion! Das Pferd gehört in die Hände eines Tierarztes!
Vor einer homöopathischen Behandlung steht daher die genaue Diagnose, um das Ausmaß der Verletzung zu erkennen!
Oft sind Wunden oberflächlich und es sind »nur« Horn und Lederhaut betroffen. Auch diese Verletzungen sind schmerzhaft und können zum Beispiel entstehen, wenn der Hufschmied einen Nagel falsch platziert.

Ein fachgerechter Beschlag unterstützt den Bewegungsablauf des Pferdes.

Hypericum (Hyper)
(Johanniskraut)

Bei einem Nageltritt denke ich zunächst an die homöopathische Arznei Hypericum. Hypericum ist immer angezeigt, wenn nervenreiches Gewebe verletzt ist.

Wirkspektrum:
- Nageltritt
- Vernagelung durch den Hufschmied
- Verletzung von nervenreichem Gewebe

Modalitäten

Verschlechterung **des Zustandes durch:**
- Jegliche Bewegung
- Berührung
- Wärme

Verbesserung stellt sich ein durch:
- Ruhe

Besondere Indikation:
Hypericum ist besonders hilfreich bei der Behandlung von Wunden und Verletzungen in nervenreichen Geweben. Das können Quetschungen sein, Verletzungen der Wirbelsäule, vor allem aber Stichverletzungen und -wunden. Hypericum wird auch als »Arnica der Nerven« bezeichnet.

Da die Huflederhaut von sensiblen Nerven durchzogen ist, sind Verletzungen in diesem Bereich sehr schmerzhaft und die verletzten Regionen extrem berührungsempfindlich. Heftiger Schmerz ist ein Leitsymptom von Hypericum, daher zählt diese Arznei zu den wichtigsten Trauma-Mitteln.

Hypericum, Johanniskraut, ist eine uralte Heilpflanze. Die Blütezeit um den Johannistag (24. Juni) war Anlass zur Namensgebung. Sie kommt in ganz Europa – bis auf den hohen Norden – und im westasiatischen Raum vor.

Ledum palustre (Led)
(Wilder Rosmarin)

An zweiter Stelle kommt Ledum in Frage. Manchmal ist es auch ratsam, beide Arzneien nacheinander zu geben – nicht zusammen! Wenn Sie mehrere homöopathische Arzneien zusammen verabreichen würden, hätten Sie keine Möglichkeit, die Reaktion des Patienten einem Mittel zuzuordnen!
Bei Ledum erinnern wir uns an den besonderen Bezug zur Kälte, diese Modalität ist außer der Ursache »Stichverletzung« hinweisend für die Verschreibung.
Ich habe sehr gute Erfahrung mit Ledum. Sitzt nur mal ein Nagel vom Schmied nicht ganz richtig – und so etwas kann passieren – reicht meistens eine Gabe Ledum, um dem Pferd eine schmerzhafte oder entzündliche Reaktion zu ersparen.
Diese Situation kann ja auch vor einem Turnier entstehen. Solange dann keine tiefer liegenden Strukturen verletzt sind, braucht das Pferd nach meiner Erfahrung zunächst kein Antibiotika oder Schmerzmittel, welche dopingrelevant sind.

Ballentritt und Wunden

Ein Ballentritt entsteht durch Greifen der Hinterhufe in die Ballen der Vordergliedmaßen. Die Folge sind Abschürfungen, mitunter erhebliche Quetschungen oder sogar Wunden mit Substanzverlust, die nur schlecht heilen. Gerade in fremder Umgebung auf dem Turnier, im Stallzelt mit unbekannten Nachbarn oder beim Verladen und während des Transports können sich Pferde Wunden zuziehen.

Modalitäten

Verschlechterung des Zustandes durch:
- Lokale Wärme
- Warme Luft
- Bewegung auf hartem Boden

Verbesserung stellt sich ein durch:
- Kalte oder eiskalte Anwendungen
- Kaltes Wetter
- Frische Luft
- Ruhe

Wie bei jeder Wundversorgung muss im Einzelfall entschieden werden, ob die Wunde nach sorgfältiger Säuberung unter Verband muss oder nicht.

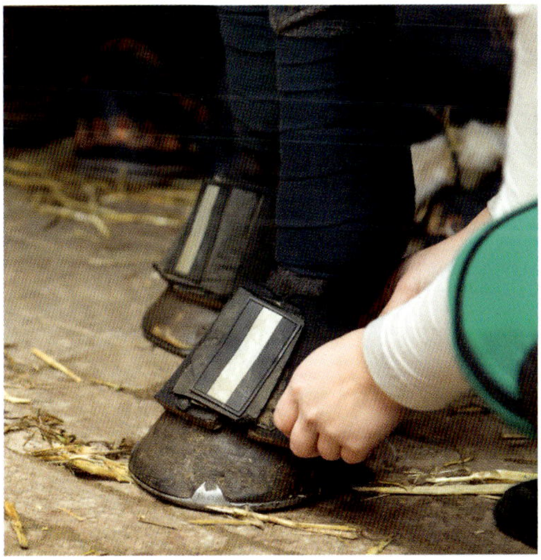

Trotz schützender Sprungglocken ist ein Ballentritt nicht immer zu verhindern.

CALENDULA OFFICINALIS (CALEN) (Ringelblume)

Bei der homöopathischen Behandlung von Wunden kommt der Calendula eine besondere Bedeutung zu! Calendula officinalis gehört zu den Korbblütengewächsen und damit zu der gleichen Familie wie Arnica.

Wirkspektrum:

- Schürfwunden
- Risswunden
- Wunden mit Substanzverlust
- Schlecht heilende Wunden
- Entzündete, eiternde Wunden
- Schmerzlinderung

Besondere Indikation:

Calendula ist ein bemerkenswertes Heilmittel bei Schürfwunden, wie offenen Wunden mit möglicherweise Substanzverlust, Riss- oder Schnittverletzungen, bei eiternden Wunden, bei Wunden, die mit starken Schmerzen oder auch Juckreiz einhergehen.

Calendula fördert die Bildung von gesundem Granulationsgewebe und damit eine rasche primäre Wundheilung.

Zur äußeren Anwendung ist verdünnte Calendula-Urtinktur das Mittel der Wahl bei allen offenen Wunden oder Verletzungen. Die Tinktur hat hervorragende antiseptische und vernarbungsfördernde Eigenschaften, da sie die Regeneration der Zellen im Inneren der Wunde anregt.

Calendula officinalis wird auch das »homöopathische Antiseptikum« genannt.

Achtung!
Die Calendula-Urtinktur ist nicht potenziert und fällt daher unter die von der Deutschen Reiterlichen Vereinigung (FN) als ADMR-konform definierte Grenze der Potenzstufe D7.
Hier muss eine Karenzzeit von mindestens 48 Stunden einkalkuliert werden!
Calendula-Globuli in der Potenz C30 sind natürlich erlaubt!

Darüber hinaus ist Calendula neben anderen Arzneien ein ausgezeichnetes Mittel zum Stillen der Wundblutung.
Jod beispielsweise wirkt stark antiseptisch auf Keime, verbrennt die Zellen jedoch und bringt sie dadurch zum Absterben. Calendula hingegen wirkt nicht unmittelbar auf die Keime, sondern auf die Zellimmunität des Organismus selbst, wodurch sich Keime nicht weiter vermehren.
Bei der äußerlichen Anwendung verdünne ich die Calendula Urtinktur stark mit warmem Wasser – in paar Spritzer aus der Flasche in eine Tasse Wasser reichen. Dann tränke ich eine Kompresse in der Calendula-Lösung, säubere und benetze die Wunde. Das können Sie zu Beginn so häufig machen, wie es Ihnen möglich ist.
Diese Form der lokalen äußerlichen Wundversorgung ist sehr effektiv bei der Vermeidung von Infektionen und Förderung der Heilung, geht aber auf dem Turnier nicht, da die Calendula Urtinktur nicht potenziert ist und eine 48-stündige Karenzzeit notwendig macht. In diesen Fällen empfiehlt sich die lokale Säuberung und anschießende Gabe von Calendula C30.

Dosierungsempfehlung: 1 Kügelchen Calendula in ca. 200 ml Wasser aufgelöst und davon 1 ml ins Maul verabreichen, nach Bedarf wiederholen.

Hufprellung

Die Ursache ist meist traumatisch bedingt. Kommt es auf dem Turnier oder im Training zum Beispiel zu einem starken Anschlagen am Hindernis, kann das schnell eine Hufprellung auslösen. Manchmal reicht auch schon das Schlagen gegen die Boxenwand.

Arnica montana (Arn) (**Bergwohlverleih**)

Arnica ist die erste Arznei bei akuten stumpfen Traumata mit Prellung, Quetschung und Hämatom. Durch die Weitstellung der kleinen Kapillargefäße wird die Resorption von Exsudaten gefördert. Wie bei der Huflederhautentzündung kann auch bei der Hufprellung Ledum eine gut folgende Arznei sein, wenn Arnica den Zustand nicht ausreichend verbessert hat.

Ledum palustre (Led) (**Wilder Rosmarin**)

Den Bezug dieser Arznei zu Kälte habe ich bereits ausführlich geschildert und natürlich gilt es die Modalität »Kälte bessert« auch bei einer Hufprellung zu berücksichtigen.
Die Verschreibung von Ledum kommt in Betracht, wenn es in Folge der Prellung zur starken Einblutung kommt und Arnica das Hämatom nicht ausreichend resorbieren konnte.

Hufabszess

Zu einem Hufabszess und damit zu einer Infektion innerhalb der Hornkapsel kommt es, wenn Zerreißungen in der Hornstruktur vorhanden sind, durch die Schmutz und Bakterien in das Innere des Hufes eindringen können. Infektiöse Keime zersetzen das Horn, was dann zu Entzündung und Eiterbildung führt.

Mögliche Ursachen:
Durch den Druck von zersetztem Horn und entzündlichen Absonderungen auf die Huflederhaut kommt es zu überaus schmerzhaften Reaktionen beim Pferd. Die Patienten sind in den meisten Fällen plötzlich hochgradig lahm und belasten den betroffenen Huf nicht mehr.
Auch durch die Verletzung in Folge eines Ballentrittes können Keime in das Innere der Hornkapsel gelangen und einen Hufabszess verursachen.
Die Verletzung der Sohle durch spitze Gegenstände wie Steinchen oder Schotter, die sich in die weiße Linie setzen, kann ebenfalls den Eintritt für Bakterien begünstigen.
Ist ein Hufabszess diagnostiziert und lokalisiert, ist ein manuelles Ausräumen und Reinigen des Eingangskanals sicher die beste Erstversorgung.Dies ist aber nicht immer ohne weiteres möglich. Oft ist der Hufabszess auf mechanischem Wege (noch) nicht erreichbar, weil zu tief liegend.
In diesen Fällen kann zunächst ein Angussverband (warm) mit Kernseife oder Calendula-Tee sinnvoll sein. Das Hufhorn wird weicher und der Druckschmerz gemildert.
Mit dem passenden homöopathischen Mittel können wir die Heilung eines Hufabszesses effektiv unterstützen. Der Versuch lohnt sich, entweder, bevor Sie schulmedizinische Maßnahmen ergreifen, in jedem Fall aber begleitend dazu.

Achtung!
Denken Sie bitte auch an die Möglichkeit von Hufabszessen in Folge der Überdosierung von Ergänzungsfuttermitteln, die Kieselsäure enthalten.
Auf mögliche Folgen von Überdosierungen sowohl bei sogenannten Komplexmitteln aber auch bei Ergänzungsfuttermitteln komme ich im weiteren Verlauf noch zu sprechen.

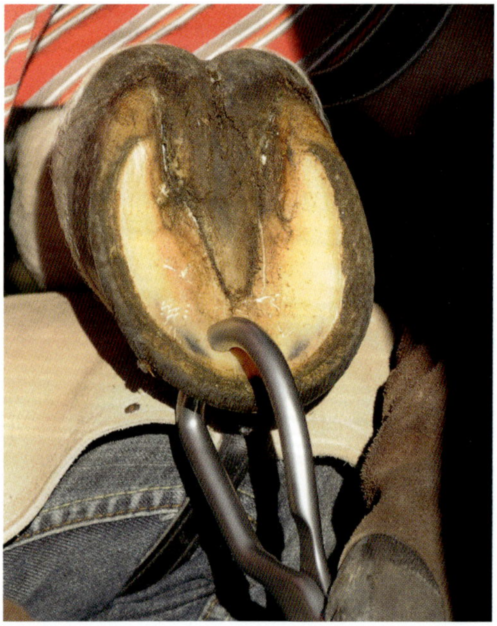

Nicht immer lässt sich ein Abszess durch Abdrücken der Hufsohle mit der Hufzange lokalisieren.

HEPAR SULPHURIS (HEP)
(Kalk- Schwefelleber)

Diese Arznei hat einen starken Bezug zu akuten Entzündungen, Abszessbildung und Eiterungen, und ist im frühen Entzündungsstadium indiziert.
Hepar sulphuris ist bei rechtzeitiger Gabe in der Lage, die Entstehung eines Abszesses zu verhindern, oder aber die sogenannte Reifung eines Abszesses zu fördern. Das hängt in beiden Fällen vom Zeitpunkt der Behandlung und von der Höhe der gewählten Potenz ab. Hohe Potenzen (C200 und höher) werden gewählt zur Vermeidung, bzw. zur Rückbildung von Abszessen, niedrige Potenzen (C12 oder C30) fördern den Eiterungsprozess.

Austernschalen (o.) und Schwefel (u.) sind die Ausgangsmaterialien zur Herstellung von Hepar sulphuris.

Modalitäten

Verschlechterung **des Zustandes durch:**
- Kalte Luft, vor allem Zugluft
- Kalte äußere Anwendungen
- Berührung

Verbesserung stellt sich ein durch:
- Wärme, warmes Eindecken
- Ruhe

Wirkspektrum:
- Hufabszess
- Abszesse im Allgemeinen
- Antidot bei Überdosierung von Silicea (Kieselsäure)!

Besondere Indikation:
Hepar sulphuris kommt im Allgemeinen bei sehr schmerzhaften Prozessen zum Einsatz und ist die erste Arznei, an die ich bei allen Entzündungen mit drohender Eiterung denke.
Vor allem wenn ein Reaktionsmangel vorliegt, der Hufabszess also noch nicht so weit gereift ist, dass er manuell eröffnet werden könnte, ohne die empfindliche Lederhaut zu verletzen.
Die Patienten sind aufgrund der Schmerzen auffallend gereizt, fast zornig und sehr berührungs-, und kälteempfindlich.
Die Pferde frieren mitunter und suchen die Wärme, ein warmes Eindecken ist daher sehr willkommen.

Silicea (Sil)
(Kieselsäure)

Wenn ein Hufabszess nach Eiterung unter Hepar sulphuris nicht heilt und sich möglicherweise Fisteln bilden, führt Silicea das Geschehen in der Regel zur Heilung.
Silicea ist eins der großen Polychreste. In der Homöopathie wird der Begriff Polychrest für einige homöopathische Arzneimittel mit sehr breitem Wirkspektrum verwendet. Da Silicea bei Hufabszessen als Folgemittel von Hepar sulphuris als sogenannte bewährte Indikation gelten kann, möchte ich mich an dieser Stelle auch darauf beschränken und das konstitutionelle Spektrum von Silicea in einem späteren Kapitel genauer beschreiben.

Wirkspektrum:
- Hufabszess
- Abszesse im Allgemeinen
- Fistelbildung
- Fördert den Heilungsprozess nachdem der Eiter abgeflossen ist

Bergkristall – Ausgangsmittel zur Herstellung des homöopathischen Arzneimittels Silicea.

Modalitäten

Verschlechterung **des Zustandes durch:**
- Hitze und durch Kälte gleichermaßen
- Zugluft

Verbesserung stellt sich ein durch:
- Wärme, keine Hitze
- Zuwendung

Besondere Indikation:
Silicea ist in der Regel keine Arznei für hochakute Zustände, sondern hat eher Bezug zu chronisch wiederkehrenden Hufabszessen, oder wenn sich bereits eine Fistel gebildet hat. Die Arznei steuert Eiterungsprozesse im Allgemeinen, kann Abszesse zur Reifung bringen, reduziert aber von allem übermäßige Eiterung, wenn der Abszess bereits eröffnet ist. Dadurch werden Granulation und Heilungsprozess gefördert, nachdem der Eiter abgeflossen ist.

Ein Hinweis sei mir noch zu einer möglichen Überdosierung von Kieselsäure, der mineralischen Ausgangssubstanz von Silicea gestattet: Für alle homöopathischen Arzneien gilt, dass es bei »einem Zuviel« zu sogenannten Arzneimittelbildern kommen kann. Das bedeutet, dass der Patient Symptome aus dem Wirkspektrum der homöopathischen Arznei entwickelt. Im Fall von Silicea können dies Abszesse sein!
Bitte verwenden Sie daher Futterergänzungsmittel oder Komplexmittel, die Kieselsäure enthalten, mit Bedacht!

Hornspalten

»Leidet ein Huf unter einer Hornspalte, ist der Grund für das Einreißen der Hornkapsel nicht ausschließlich in eventueller außergewöhnlicher Belastung wie beispielsweise im Wettkampf zu suchen.« Das sagt Dr. Konstanze Rasch in ihrem Buch »Problemlos eisenlos«, einem exzellenten Fachbuch über den Huf.
Schauen wir uns im Folgenden die möglichen Ursachen genauer an.

Huf mit Hornspalte. Meistens ist davon nur ein Huf betroffen – überwiegend einer der Vorderhufe.

Mögliche Ursachen:
Vertikale Zusammenhangstrennungen der Hornwände entstehen in der Regel durch eine Fehlbelastung des betroffenen Hufes. Für die Korrektur ist an erster Stelle ein guter Hufschmied gefordert, der eine fachgerechte individuelle Bearbeitung des Hufes durchführt. Schlechte Hornqualität begünstigt ebenfalls Risse, auch kann eine Schädigung der hornbildenden Zellen am Kronsaum vorliegen. Traumata oder Infektionen kommen ebenfalls als Ursachen in Betracht.
Außer dem entsprechenden Management durch den Hufschmied und optimalen Fütterung, kann die Homöopathie zu einer Verbesserung der Hornqualität beitragen. Die Auswahl der passenden Arznei erfolgt am besten unter konstitutionellen Gesichtspunkten, wenn auch einige Arzneien besonderen Bezug zum Huf haben. Zunächst schauen wir uns die entsprechende Rubrik im Repertorium an. Als Repertorium wird in der Homöopathie ein Nachschlagewerk bezeichnet, welches aus der so genannten Materia medica, der homöopathischen Arzneimittellehre, extrahiert wird und der Ermittlung eines geeigneten Mittels dient.

Die Entsprechung zum Huf des Pferdes finden wir in dem für den Menschen konzipierten Symptomverzeichnis bei den Nägeln.

Extremitäten: Beschwerden der Nägel – gespaltene, aufgesprungene Nägel: (12)
ANT-C. ars. *Fl-ac.* lept. nat-m. ruta sabad. **SIL.** *Squil.* stann. sulph. thuj.

Die Schriftgrößen und -schnitte – regular, kursiv, Versalien – kennzeichnen die unterschiedliche Wertigkeit der Arznei in Bezug zu den Symptomen. Eine Übersicht der in der Homöopathie verwendeten Abkürzungen können Sie unter folgendem Link downloaden: **www.chiron-net.org/homöopathie/abkürzungen-hom-arzneimittel/**
In dieser Rubrik sehen wir, dass 12 homöopathische Arzneien einen Bezug zur Hornspalte haben. Die aus meiner Sicht wichtigsten Mittel habe ich rot hervorgehoben, diese möchte ich Ihnen vorstellen.

Silicea (Sil)
(Kieselsäure)

An dieser Stelle möchte ich Ihnen das Mittelbild von Silicea über den klinischen Bezug hinaus etwas ausführlicher vorstellen. Silicium ist in allen lebenden Organismen für die Festigkeit der Gewebe verantwortlich. Strukturierte Form, Stabilität, Härte und Organisation sind wesentliche Aspekte des Arzneimittelbildes.
Silicea-Patienten sind eher nachgiebig. Es fehlt ihnen an Entschlossenheit und Selbstvertrauen, sie können schüchtern und zaghaft sein. Pferde, zu denen dieses Mittel passt, sind sanft, vorsichtig und zurückhaltend. Dennoch können Silicea-Patienten mitunter erstaunliche Sturheit an den Tag legen.

Modalitäten

Verschlechterung **des Zustandes durch:**
- Kälte, vor allem Zugluft
- Durch Kaltwerden in jeglicher Form

Verbesserung stellt sich ein durch:
- Fortgesetzte Bewegung
- Warmes (aber nicht heißes) Wetter
- Durch Zuwendung

Unruhig und nervös erschrecken sie beim kleinsten Geräusch. Auf zu hohe Leistungsanforderungen reagieren sie oftmals hektisch.

Bergkristall: Der wasserhelle Quarzkristall stellt die reinste chemische Verbindung von Siliciumdioxid dar. Für das homöopathische Arzneimittel wird Siliciumdioxid in Pulverform aus zerkleinertem Bergkristall verwendet.

Die Pferde sind aber grundsätzlich gehorsam und haben eine schnelle Auffassungsgabe. Der psychischen Schwäche entspricht oftmals ein Mangel an körperlicher Widerstandskraft.
Silicea-Pferde sind meist unauffällige, zarte, feingliedrige, grazile, zerbrechliche, edle Tiere. Sie scheinen fast zu fein für diese Welt zu sein.
Beim menschlichen Silicea-Patienten denkt man an eine vornehme, fein gekleidete, zurückhaltende Dame mit Perlenkette.
Die Pferde haben einen eher leichten Körperbau mit wenig Unterhautfettgewebe, eventuell auch eine eher geringe Körpergröße. Häufig sind es schlechte Futterverwerter, fast kann man an Mangelernährung denken. Wir finden Silicea-Konstitutionen häufig bei sehr blutgeprägten Pferden.
Für den Reiter besteht die Kunst darin, diesen Pferden Sicherheit zu vermitteln und Ruhe zu bewahren, auch wenn der Sportler eine Tendenz zu Hektik und Nervosität entwickelt. Solche Zustände sind vor allem Reaktionen auf mentale Überforderung und Unsicherheit. In einer harmonischen Partnerschaft sind diese Pferde aber durchaus in der Lage, motiviert und zuverlässig Leistung zu erbringen.
Im Silicea-Zustand besteht ein ausgeprägter Mangel an Lebenswärme. Ein Mangel an Stabilität von Knochen, Wirbelsäule, Zähnen, Hufhorn und Haaren ist ebenfalls häufig zu beobachten.
An das homöopathische Mittel Silicea sollten wir zum Beispiel auch denken, wenn Pferde infolge von Impfungen Beschwerden bekommen.

Wirkspektrum:
- Brüchiges, schwaches Hufhorn
- Hufhornwachstumsstörungen
- Hornspalten
- Hornkluft

Besondere Indikation:
Silicea wird häufig bei Erkrankungen der Hufe eingesetzt. Zu den bewährten Anwendungsbereichen zählen beispielsweise brüchige, rissige, trockene, abblätternde und ausbrechende Hufe, aber auch Hornspalten und Rillen im Hufhorn.
Bei auffallend langsam wachsendem Hufhorn, liegt eventuell eine Störung der Hufhornbildung vor.
Die Folgen von Hufabszessen habe ich bereits beschrieben.

Auffällig ist, dass Silicea-Patienten auch bei guten Haltungsbedingungen Strahlfäule entwickeln können.

Antimonium crudum (Ant-c)
(Schwefel-Spießglanz)

Zu den Leitsymptomen von Antimonium crudum gehören auf der Gemütsseite starke Reizbarkeit und gesteigertes Sexualverhalten, vor allem beim männlichen Tier.
Sehr auffällig finde ich, dass die Tiere nicht direkt angesehen werden wollen, auch Berührungen werden nur ungern toleriert.
Auf der körperlichen Ebene hat diese Arznei ganz großen Bezug zur Haut und zu den Hufen. Hier finden wir Trockenheit, Verdickungen, Verhärtungen, Risse und Krusten.
Beim Huf des Pferdes sehen wir verdicktes, zum Teil auch regelrecht deformiertes Horn. Das Hufhorn ist brüchig und rissig, was sich in Hornspalten, möglicherweise auch in Form einer hohlen Wand oder Hornsäulen zeigt.
Bei einer hohlen Wand kommt es innerhalb der »weißen Linie« zu einer Trennung zwischen Hornsohle und Hornwand.
Eine Hornsäule ist eine säulenförmige Zubildung an der Innenfläche der Hornwand des Hufes, meistens im vorderen Areal der Hufwand.

Modalitäten

Verschlechterung des Zustandes durch:
- Waschen mit kaltem Wasser
- Kalte Luft, naßkaltes Wetter
- Heißes Wetter, Sonnenhitze
- Kaltwerden nach Überhitzung

Verbesserung stellt sich ein durch:
- Warme Anwendungen
- Ruhe

Wirkspektrum:
- Verdicktes Hufhorn
- Deformiertes Hufhorn
- Brüchiges Hufhorn
- Wachstumsstillstand des Horns
- Krumm nachwachsendes Hufhorn
- Allgemein: Trockenheit, Verhärtung, Verdickung

Antimon ist ein silberglänzendes sprödes graues Metall mit kristalliner Struktur.

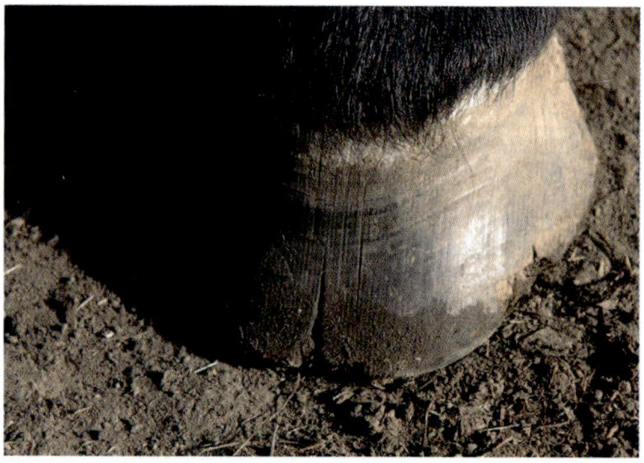

Das homöopathische Mittel Antimonium crudum hat großen Bezug zu den Hufen.

FALLBEISPIEL

HORNSPALTE

Patient: 10-jähriger Wallach, Springpferd

In vorliegendem Fall hatte das Pferd eine vom Kronrand ausgehende, mittlerweile durchlaufende Seitenwandspalte am linken Vorderhuf. Das nachwachsende Hufhorn war der Belastung nicht gewachsen und riss an selber Stelle immer wieder ein.

In einer solchen Situation ist in erster Linie ein guter Hufschmied gefragt, um die Biomechanik des betroffenen Hufes zu verbessern.

Homöopathische Mittel können unterstützen, indem der Körper angeregt wird, gesundes und stabiles Hufhorn zu bilden.

Ich entschied ich mich zunächst für Silicea, das großen Bezug zu Hufproblemen mit brüchigem, rissigem Horn oder auch langsam wachsenden Horn hat. Und siehe da, ganz langsam wurde am Kronsaum gesund nachwachsendes Horn sichtbar. Die Behandlung wurde aus konstitutionellen Gründen mit einem weiteren Mittel fortgesetzt, und drei Beschlagsperioden später zeigte sich ein stabiler, tragfähiger ca. 3–4 cm langer gesunder Saum, so dass der Spalt nun rauswachsen konnte. Das tat er dann auch, ohne weitere Störung und in dem Tempo, das zu erwarten war. Dem sportlichen Einsatz stand nichts mehr im Wege.

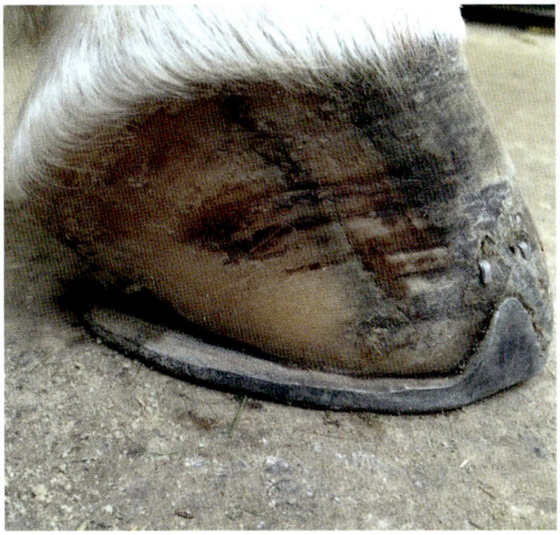

Huf zu Beginn der Behandlung.

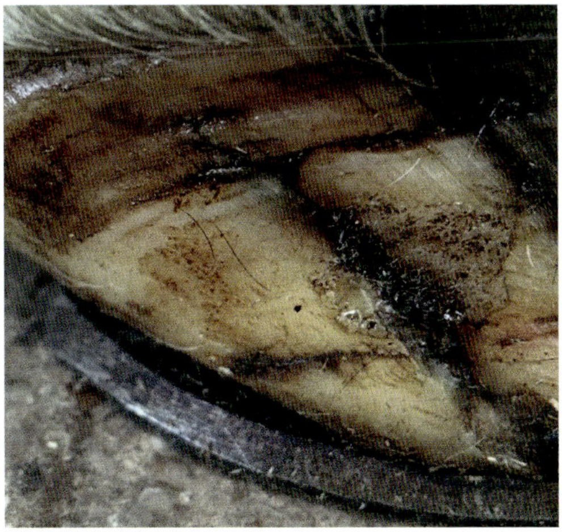

Derselbe Huf zwei Monate später.

Rückenprobleme

So wie der Huf das Fundament des Pferdes bildet, ist der Rücken ein zentrales Element für die Entwicklung schwungvoller Bewegungen. Vom Rücken ausgehende Schmerzen beeinträchtigen häufig die Leistungsfähigkeit und reduzieren die Einsatzfähigkeit im Sport.

Nicht immer lassen sich Beschwerden durch klinische Befunde erklären, so dass auch immer das Training und die Ausrüstung im Hinblick auf die Rückengesundheit überprüft werden sollten.

Einer der wichtigsten Muskeln in diesem Bereich ist der lange Rückenmuskel.

Werden Muskeln überanstrengt, treten kleine Risse im Muskelgewebe auf – es kommt zum sogenannten Muskelkater. Die sich bildende Gewebeflüssigkeit tritt durch die feinen Mikrorisse ins Gewebe ein, wodurch es zu Schwellungen der Muskeln kommt. Beim Muskelkater handelt es sich also um eine Verletzung des Muskelgewebes, das in schwerwiegenden Fällen auch vernarben kann und dauerhaft beeinträchtigt ist.

In allen Reitsportdisziplinen gilt: Nur ein gesunder Pferderücken kann das Gewicht des Reiters schadlos tragen.

Bei fortgesetzter Überlastung nimmt die Muskulatur Schaden. Schmerzen, Bewegungseinschränkungen und schließlich Rittigkeitsprobleme sind mögliche Folgen. Um diese zu verhindern, ist in erster Linie gutes Reiten und sinnvolles Training gefragt.
Therapeutisch spielen vor allem manuelle Therapien wie Physiotherapie, Osteopathie oder Chiropraktik eine große Rolle, um das gesamte System wieder zu mobilisieren. Werden dabei schon lange eingeschränkte Strukturen wieder gelöst, müssen die Patienten ihre neue Bewegungsqualität oft erstmal »verinnerlichen«. Als ergänzende Therapie, oftmals auch im Anschluss an eine manuelle Behandlung, bietet sich die Homöopathie an. Einerseits hat sich der ganzheitliche, vernetzte Ansatz bewährt, andererseits können wir mit der Homöopathie die Lebenskraft des Patienten ansprechen und dessen Eigenregulationsfähigkeit wiederherstellen.

Muskelerkrankungen

Zur homöopathischen Behandlung von Muskelerkrankungen oder Verletzungen der Muskeln, wie sie während eines Turniers oder auch im Training vorkommen können, stehen wieder mehrere Arzneien zur Verfügung, die nach dem Ähnlichkeitsprinzip ausgewählt werden. Schauen wir dazu nochmal ins Repertorium:

Allgemeines - Verletzungen - der Muskeln: (7) **Arn.** calc. calen. nat-c. nat-m. phos. **RHUS-T.**

Allgemeines - Entzündung - der Muskeln: (12) ***Arn.*** bell. ***Bry.*** ham. hep. kali-i. merc. *Mez.* ***Rhus-t.*** streptoc. thuj. toxo-g.

Die aus meiner Sicht wichtigsten Arzneien bei Muskelerkrankungen oder -verletzungen möchte ich vorstellen:

Arnica montana (Arn) (Bergwohlverleih)

Arnica kennen wir schon als die Verletzungsarznei erster Güte, und ich denke, dass deutlich wird, warum Arnica so populär ist und in keiner Stallapotheke fehlen sollte.
Bei Muskelerkrankungen spielt Arnica ebenfalls eine wichtige Rolle. Wenn wir uns vor Augen führen, dass Arnica für eine Weitung der kleinen Kapillargefäße sorgt, wird der Zusammenhang schnell klar: Durch die bessere Durchblutung, regeneriert das Gewebe schneller, einer anschließenden Narbenbildung kann entgegengewirkt werden.

Modalitäten

Verschlechterung des Zustandes durch:
- Geringste Berührung
- Annäherung von Personen
- Erschütterung
- Anstrengung
- Feuchte Kälte
- Bewegung

Verbesserung stellt sich ein durch:
Ruhe – vor allem durch Liegen, was wir beim Pferd aber nicht häufig feststellen.

Dieser Effekt macht den Einsatz der Arznei so wertvoll bei Folgen von Überanstrengung, wie Entzündungen der Rückenmuskeln oder Verkrampfungen und Verhärtungen von Muskeln sowie bei Verletzungsfolgen wie Zerrung oder Prellung nach einem Sturz.
Entstehen Muskelkater und Muskelverspannungen während der Turniertage, leiden Rittigkeit und Leistungsfähigkeit. Arnica kann die Beschwerden Ihres Pferdes bessern.
Ich habe auch gute Erfahrung mit Arnica im Anschluss an eine manuelle Therapie gemacht, um den Therapieerfolg zu unterstützen!
Nicht passende Sättel schaden dem Pferderücken. Es kann zu traumatischen Quetschungen von Gewebe kommen – ein Schlüsselsymptom von Arnica. Auch hier kann Arnica eingesetzt werden – natürlich nicht anstatt, sondern zusätzlich zu einem passenden Sattel.

Wirkspektrum:
- Folgen von Überlastung – Muskelentzündung
- Akute Verstauchungen
- Prellungen
- Quetschungen
- Zerrungen
- Unfälle mit allen Arten von Gewebetraumata – Muskelverletzungen
- Hämatome
- Im Anschluss an eine manuelle Therapie

Rhus toxicodendron (Rhus-t) (Giftsunmach)

Schlüsselsymptome von Rhus tox sind deutliche Verbesserung durch: 1. Bewegung und 2. Wärme. Bei weiterer Belastung kommt es meistens wieder zu einer Verschlechterung des Zustands.

Eine wärmende Decke und Bewegung lindern die Beschwerden bei Rhus tox-Erkrankungen.

Modalitäten

Verschlechterung des Zustandes durch:
- Bewegungslosigkeit und Ruhe
- Zu Beginn der Bewegung
- Längere Belastung
- Bei kalter Luft, feuchter Witterung, Nebel
- Kaltwerden nach vorheriger Erhitzung
- Entfernen der Decke (frieren)

Verbesserung stellt sich ein durch:
- Trockene Wärme (eindecken)
- Warme äußere Anwendungen
- Fortgesetzte Bewegung (einlaufen)

Aus meiner Sicht ist die deutliche Verbesserung durch Bewegung das entscheidende Kriterium für die Verschreibung von Rhus tox. Rhus tox-Erkrankungen entstehen oft in Folge von Überlastung und durch Kaltwerden, was auch während eines Turniers auftreten kann. Die Pferde sind unruhig und können ziemlich reizbar sein. Decken Sie Ihr Pferd warm ein, das wird zusätzliche Verbesserung bringen.

Wirkspektrum:
- Entzündung der Rückenmuskeln
- Allgemeine Steifheit
- Akute Verstauchungen
- Muskelverhärtungen
- Folgen von: Verletzung, Sturz, Prellung
- Folgen von: Überanstrengung

Bryonia-Pferde liegen gerne auf der schmerzhaften Seite, da Druck ihre Beschwerden lindert.

Bryonia (Bry)
(Zaunrübe)

Im Gegensatz zu Rhus tox ist der Bryonia-Zustand durch entgegengesetzte Modalitäten gekennzeichnet: Alles wird schlimmer durch Bewegung und Wärme. Außerdem bessert starker Druck das Befinden.
Bryonia-Patienten wollen sich nicht bewegen, da Schmerzen durch Erschütterung verstärkt werden. Dieses ausgeprägte Verlangen nach Immobilität ist die entscheidende Indikation. In diesem Zustand ist eher nicht an eine weitere Teilnahme am Turnier zu denken. Hier ist es ratsam, das Pferd einem Tierarzt vorzustellen.

Wirkspektrum:
- Entzündung der Rückenmuskeln
- Lumbago (Kreuzverschlag)

Modalitäten

Verschlechterung des Zustandes durch:
- Jede Form von Bewegung
- Leichte Berührung
- Wärme

Verbesserung stellt sich ein durch:
- Kühlen und auch frische Luft
- Ruhe
- Starker Druck
- Liegen auf der schmerzhaften Seite

Erkrankungen der Wirbelsäule

Die Wirbelsäule bildet die Grundlage für die Mobilität des Rückens. Kleinste strukturelle Veränderungen können bereits zu erheblichen Funktionsstörungen des gesamten Bewegungsablaufs führen.

Stürze, unpassende Sättel oder Überanstrengung sind mögliche Ursachen für Schäden an den Dornfortsätzen der Rückenwirbel. Solche Schäden werden sicher auch durch anatomische Schwächen begünstigt.

Kalkablagerungen können in den Facettengelenken der Wirbelsäule zu Bewegungseinschränkungen führen, arthrotische Veränderungen verursachen Funktionsstörungen.

Es müssen aber nicht immer degenerative Veränderungen, wie zum Beispiel Kissing Spines (sich berührende Dornfortsätze), sein. Wenn Muskelverspannungen Druck auf die Wirbelgelenke ausüben, kann dies ebenfalls sehr schmerzhaft sein.

In dem Bereich der Wirbelsäule, in dem die Dornfortsätze fast vertikal stehen, scheinen sie durch das Reitergewicht besonders starken Stauchungen zu unterliegen. Die damit einhergehenden Knochenhautreizungen können mit der Zeit zu Zubildungen von Knochengewebe (Exostosen) führen.

Das Kissing Spine Syndrom ist in der Regel äußerst schmerzhaft und mit Einschränkungen der Bewegungsqualität oder im un-

Die Wirbelsäule des Pferdes wird von 7 Hals-, 18 Brust-, 6 Lendenwirbeln, 5 zum Kreuzbein vereinigten Wirbeln und 15 bis 21 Schweifwirbeln gebildet.

günstigsten Fall mit der Unbrauchbarkeit des Pferdes verbunden.
Interessanterweise wiesen nach einer Untersuchung (Erichson et al 2001) 86% der klinisch und funktionell unauffälligen Reitpferde Kissing spines auf und nur bei 33% der Pferde mit klinischen und funktionellen Rückenproblemen konnten auch röntgenologisch derartige Veränderungen festgestellt werden. Das heißt, dass nicht jede Veränderung am Skelett auch Beschwerden verursachen muss, und die Pferde durchaus turniertauglich sein können! Dafür gibt es viele Beispiele.
Beschwerden im Iliosakralgelenk (ISG) kommen beim Pferd aus meiner Sicht erstaunlich häufig vor und sind zunächst mal durch einen Osteopathen oder Chiropraktiker zu begutachten, um mögliche Blockaden zu beheben.
Die Hauptaufgabe des Iliosakralgelenks besteht darin, den Schub aus der Hinterhand auf den Rumpf zu übertragen und durchzulassen. Beschwerden in diesem Bereich haben daher häufig eine mangelnde Hinterhandaktivität, bis hin zu Lahmheiten sowie Leistungseinbußen zur Folge.
Liegen Entzündungen, Knochenveränderungen oder Läsionen der starken Bänder vor, die das Gelenk stabilisieren, darf mit angemessenem Optimismus auch bei solchen, zumeist chronischen Prozessen, eine begleitende homöopathische Therapie angegangen werden.
Wenn wir es mit knöchernen Veränderungen zu tun haben, denken Homöopathen immer auch an Calcium-Verbindungen.

Modalitäten

Verschlechterung des Zustandes durch:
- Nasskaltes Wetter
- Kalte Zugluft
- Zu Beginn der Bewegung

Verbesserung stellt sich ein durch:
- Wärme
- Warme Anwendungen
- Fortgesetzte, leichte Bewegung

Calcium fluoricum (Calc-f) (Flussspat)

Calcium fluoricum, auch Calcium fluoratum genannt, gehört zu den mineralischen Arzneien, die sich durch tiefgreifende und langanhaltende Wirkung auszeichnen. Ausgangstoff ist das Mineral Calciumfluorit. In vielen Ländern gibt es natürliche Vorkommen dieses Minerals.
Man nennt Calcium fluoricum auch das Knochensalz, was den besonderen Bezug zu knöchernen Prozessen unterstreicht.
Zu den charakteristischen Merkmalen dieser homöopathischen Arznei gehören Verhärtungen von straffem Fasergewebe mit der Tendenz zur Knochenneubildung. Dazu zählen sowohl Verknöcherungen als auch Knochenzubildungen, also sogenannte Überbeine. Solche Veränderungen können auch in Folge von Knochenbrüchen auftreten.

Achtung!
Aufgrund der tiefgreifenden Wirkung gilt für alle mineralischen Mittel, die Arzneimittelgaben nicht zu häufig zu wiederholen. Bitte die Dosierungshinweise auf S. 21f ganz besonders berücksichtigen.

Wirkspektrum:
- Knochenzubildungen (Exostosen)
- Verwachsungen der Dornfortsätze
- Wirbelsäulenerkrankungen – Kissing Spine
- Mangelernährung der Knochen
- Verhärtung von Gewebe (Muskeln, Sehnen und Bänder)
- Knochenfissuren und Knochenfrakturen
- Verdickte Knochen
- Folgen von Überanstrengung

Calcium phosphoricum (Calc-p) (Kalziumhydrogenphosphat)

Calcium phosphoricum und Calcium fluoricum sind gar nicht so leicht voneinander zu unterscheiden. Deutlichstes Unterscheidungsmerkmal ist Bewegung: Bei Besserung durch Bewegung, ist Calcium fluoricum angezeigt, während der Calcium phosphoricum-Zustand schlechter durch Bewegung wird.
Beide Arzneien sind häufig beim Sportpferd indiziert.
Calciumphosphat gehört zu den Hauptbestandteilen des Knochens. Die homöopathische Arznei wirkt auf den Knochenaufbau – besonders bei jungen Pferden im Wachstum – zur die Aufrechterhaltung des Knochenstoffwechsels und grundsätzlich auf den Bewegungsapparat.

Besonders junge Pferde im Wachstum profitieren häufig von Calcium phosphoricum.

Modalitäten

Verschlechterung des Zustandes durch:
- Nasskaltes Wetter
- Jede Form von Kälte
- Bewegung
- Anstrengung
- Leistungsdruck

Verbesserung stellt sich ein durch:
- Trockenes, warmes Wetter
- Ruhe

Calcium phosphoricum gilt als homöopathisches Spezifikum für Schmerzen im Bereich des Kreuzdarmbeingelenks (Iliosakralgelenk, kurz ISG).
Calcium phosphoricum-Patienten zeichnen sich in der Regel durch hohe Leistungsfähigkeit aus, kommt man ihnen aber mit Druck, können sie unerwartet widersetzlich reagieren.
Hier ist ein feinfühliger Reiter gefragt, der es versteht, die Leistungsbereitschaft seines Pferdes ohne Zwang zu kanalisieren und zu fördern.

Wirkspektrum:
- Schmerzen im Iliosakralgelenk
- Wachstumsschmerzen
- Schmerzen in den Knochenfugen
- Knochenfraktur
- Rückenschmerzen bei kaltem Wetter
- Kissing Spine

Hypericum (Hyper) (Johanniskraut)

Hypericum haben wir schon in Zusammenhang mit Verletzungen in nervenreichem Gewebe kennengelernt, und so denken wir bei allen Verletzungen der Wirbelsäule, bis hin zu Lähmungserscheinungen in der Folge an diese Arznei.
Heftigster Schmerz ist ein Leitsymptom von Hypericum, daher ist diese Arznei ein wichtiges Traumamittel – zum Beispiel bei Stauchungen oder Verletzungen von Nerven- oder Rückenmark nach einem Sturz. Dass betroffene Pferde in die Hände eines Tierarztes gehören, versteht sich von selbst – die Homöopathie kann aber unterstützen!

Wirkspektrum:
- Verletzung von nervenreichem Gewebe
- Verletzung der Wirbelsäule/Wirbelsäulentrauma
- Lähmungen infolge von Rücken- oder Genickverletzungen

Modalitäten

Verschlechterung des Zustandes durch:
- Jegliche Bewegung
- Berührung
- Wärme

Verbesserung stellt sich ein durch:
- Ruhe

Gelenkerkrankungen

Gelenke sind kompliziert aufgebaut und unterliegen großen physischen Belastungen.

Die grundlegende Struktur aller Gelenke besteht aus Gelenkflächen, Gelenkknorpel, Gelenkkapsel und Gelenkhöhle mit Gelenkschmiere. Stabile Bandstrukturen dienen der Stabilisierung, knorpelige Zwischenscheiben, wie der Meniskus, puffern die Gelenkflächen. Schleimbeutel polstern Sehnen und Muskeln gegen umliegende Knochen ab.

Die äußere Gelenkfläche ist mit Knorpel überzogen, als Schutz vor Stoß- und Druck. Die innere Schicht produziert die Gelenkschmiere (Synovia), die als Gleitmittel für die Gelenkflächen dient und den Knorpel, der selber nicht durchblutet ist, mit Nährstoffen versorgt.

Für die im wahrsten Sinne des Wortes reibungslose Funktionsfähigkeit von Gelenken ist es so wichtig, dass die Knorpeloberfläche durch Bewegung gut mit Synovia »geschmiert« ist. Aus diesem Grund, und um Verletzungen vorzubeugen, benötigen Pferde zunächst eine lange Aufwärmphase im Schritt, bevor mit dem Training begonnen werden kann.

Eine ausreichend lange Aufwärmphase im Schritt trägt zur Gesunderhaltung der Gelenke bei.

Gelenkerguss, Arthritis

Wird die Knorpeloberfläche aufgrund von Überlastung, Traumata oder auch in Folge des natürlichen Alterungsprozesses beschädigt, kommt es zu schmerzhaften Entzündungen (Arthritis). Symptome sind: Steifheit, Schwellung des Gelenks, Wärme, Schmerz und letztendlich Einschränkung der Bewegungsqualität. Hiervon können alle Gelenke betroffen sein, häufig scheinen allerdings Fessel- Kron- und vor allem Hufgelenke zu erkranken.
Im Sportpferdebereich kommt es nach meiner Erfahrung relativ häufig zu Gelenkentzündungen. Hier kann man den Genesungsprozess homöopathisch gut unterstützen, um wieder Belastbarkeit zu erreichen.
Wie wir anhand des Repertoriums sehen, können je nach Ausprägung der Schädigung und Symptomenlage 117 Arzneien für die Behandlung in Frage kommen.

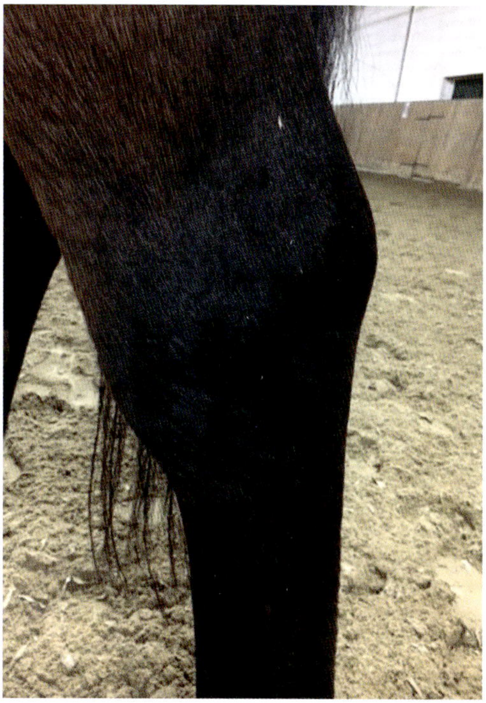

Entzündete Gelenke sind meistens geschwollen.

Extremitäten - Entzündung - Gelenke: (117)
abrot. ACON. agn. am-be. am-caust. am-m. am-p. *Ang.* ant-c. *Ant-t.* **APIS** apoc. aran. aran-ix. arb. arist-cl. **Arn.** ars. ars-s-f. asar. *Aur.* bar-c. BELL. *Benz-ac.* berb. **BRY.** cact. *Calc.* calc-p. calc-sil. caul. *Caust.* cham. chin. cimic. clem. *Colch.* coloc. conch. cortiso. crot-h. cycl. dulc. eup-per. euphr. ferr. *Ferr-p.* form. *Form-ac.* *Gaul.* gins. gnaph. *Guaj.* hed. hep. hyper. ichth. *Iod.* kali-ar. *Kali-bi.* *Kali-c.* kali-chl. *Kali-i.* *Kalm.* *Kreos.* *Lac-ac.* lach. **LED.** lil-t. *Lith-be.* lith-c. lith-sal. *Lyc.* mand. *Mang.* mang-act. meny. *Merc.* mez. *Nat-m.* *Nat-s.* nat-sil. nit-ac. ph-ac. phos. *Phyt.* *Psor.* *Puls.* pyrog. rad-br. ran-b. *Rhod.* **Rhus-t.** *Ruta* sabad. sabin. sal-ac. sang. *Sars.* *Sep.* SIL. solid. spong. *Stel.* stict. sul-i. sul-ter. *Sulph.* syph. tarax. thuj. tub. urt-u. verat. verat-v. viol-t. visc.

Die aus meiner Sicht wichtigsten homöopathischen Mittel habe ich rot markiert und möchte sie nachfolgend vorstellen.

Arnica montana (Arn)
(Bergwohlverleih)

Wann immer eine Gelenkentzündung auf Überanstrengung oder ein Trauma zurückzuführen ist, denke ich zunächst an Arnica, Königin der Traumata, denn eine Verbesserung der Durchblutung wirkt sich positiv auf die Heilung aus.
Ich möchte nochmal in Erinnerung rufen, dass sich Pferde im Arnica-Zustand nicht gerne berühren lassen – die Berührung des erkrankten Gelenks wird deshalb nicht gerne toleriert.

Modalitäten

Verschlechterung des Zustandes durch:

- Geringste Berührung
- Annäherung von Personen
- Erschütterung
- Anstrengung
- Feuchte Kälte
- Bewegung

Verbesserung stellt sich ein durch:
Ruhe – vor allem durch Liegen, was wir beim Pferd nicht so häufig feststellen.

Wirkspektrum:

- Entzündung von Gelenken
- Gelenkerguss
- Folgen von Überlastung
- Akute Verstauchungen
- Prellungen
- Quetschungen
- Zerrungen

Apis mellifica (Apis) (Honigbiene)

Ödematöse Schwellungen und stechende Schmerzen kennzeichnen einen Apis-Zustand. Wann immer ihr Pferd eine ödematöse Schwellung mit heftigem Schmerz und Berührungsempfindlichkeit aufweist, denken Sie an Apis. Das hat durchaus allgemeingültigen Charakter.
Apis repräsentiert ein hochakutes Geschehen.

Bei einer Gelenkentzündung haben wir es mit plötzlicher, ödematöser Schwellung und deutlicher Wärme zu tun. Ein hochgradig schmerzhaftes Gelenk mit praller Flüssigkeitsansammlung. Wenn wir uns mal in Erinnerung rufen, was nach einem Bienenstich passiert, bekommen wir eine gute Vorstellung von einem Apis-Zustand. Zunächst empfinden wir einen plötzlichen, starken, brennenden Schmerz in dessen Folge das umliegende Gewebe prall anschwillt. Kälteanwendungen lindern die Beschwerden und Wärme wird nicht ertragen. Durch die Wassereinlagerung ins Gewebe kommt es zu starker Oberflächenspannung und Schmerzen, was die Berührungsempfindlichkeit erklärt.
Dies sind alles Apis-Symptome.

Wirkspektrum:

- Entzündung von Gelenken
- Akute Arthritis
- Praller Gelenkerguss, hochgradig schmerzhaft
- Ödematöse Schwellung
- Wassersüchtige Ödeme

Modalitäten

Verschlechterung des Zustandes durch:

- Hitze und jede Form von Wärme
- Berührung

Verbesserung stellt sich ein durch:

- Kalte Anwendungen
- Kälte im Allgemeinen

Die homöopathische Arznei Apis mellifica wird aus der ganzen Honigbiene hergestellt.

Rhus toxicodendron (Rhus-t) (Giftsunmach)

Rhus tox kommt nicht nur bei Sehnenverletzungen und Muskelproblemen zum Einsatz, sondern auch bei Gelenkentzündungen. Die Arznei hat eine gute Wirkungsrichtung bei Be- und Überlastungsreaktionen, wie sie in Sport und Training vorkommen können.
Für die Verschreibung sind in erster Linie die charakteristischen Schlüsselsymptome: Deutliche Verbesserung durch 1. Bewegung und 2. Wärme sowie die Verschlechterung bei fortgesetzter Belastung, ausschlaggebend. Rhus tox-Patienten laufen sich ein und erst, wenn die Belastung durch längere Bewegung zunimmt, stellt sich wieder eine Verschlechterung ein.

Wirkspektrum:
- Entzündung von Gelenken
- Gelenkerguss
- Folgen von Überlastung
- Akute Verstauchungen
- Prellungen
- Zerrungen

Modalitäten

Verschlechterung des Zustandes durch:
- Bewegungslosigkeit und Ruhe
- Beginn der Bewegung
- Längere Belastung
- Kalte Luft, feuchte Witterung, Nebel
- Kaltwerden nach vorheriger Erhitzung
- Entfernen der Decke (frieren)

Verbesserung stellt sich ein durch:
- Trockene Wärme (eindecken)
- Warme äußere Anwendungen
- Fortgesetzte Bewegung (einlaufen)

Bryonia (Bry)
(Zaunrübe)

Maßgeblich für die Verschreibung von Bryonia als ähnlichste Arznei sind die Schlüsselsymptome: Alles wird schlimmer durch Bewegung und Wärme, starker Druck bessert. Der Bryonia-Patient weigert sich, das erkrankte Gelenk zu bewegen, sucht Ruhe und versucht Druck auf die erkrankte Region auszuüben, indem er zum Beispiel direkt auf dem betroffenen Gelenk liegt.

Wirkspektrum:
- Entzündung von Gelenken, Gelenkerguss

Modalitäten

Verschlechterung des Zustandes durch:
- Jede Form von Bewegung
- Leichte Berührung
- Wärme

Verbesserung stellt sich ein durch:
- Kühlen und auch frische Luft
- Ruhe
- Starken Druck
- Liegen auf der schmerzhaften Seite

Ledum palustre (Led)
(Wilder Rosmarin)

Entzündete Gelenke, die Ledum benötigen, fühlen sich trotz vorhandener mitunter starker Schwellung auffällig kühl an, obwohl man eigentlich Wärme erwarten würde. Bei kaltem Wetter scheinen die Beschwerden auch besser zu sein, ebenso bessern kalte Anwendungen die Schmerzen.
Bewegung, vor allem auf hartem Boden, verstärkt die Schmerzen. Hier wirkt sich vor allem die Erschütterung des Gelenks schmerzhaft aus.

Wirkspektrum:
- Entzündung von Gelenken
- Gelenkerguss
- Blutextravasate
- Knacken der Gelenke

Modalitäten

Verschlechterung des Zustandes durch:
- Lokale Wärme
- Warme Luft
- Bewegung auf hartem Boden

Verbesserung stellt sich ein durch:
- Kalte oder eiskalte Anwendungen
- Kaltes Wetter
- Frische Luft
- Ruhe

Arthrosen

Bei Arthrosen haben wir es mit degenerativen Veränderungen der Gelenke zu tun. Wird die Knorpeloberfläche beschädigt, bildet sich mitunter neues Knochengewebe. Der Körper versucht so, den Schaden wieder auszugleichen. Allerdings wird durch diesen Prozess die Gelenkstruktur beeinträchtigt. Zubildungen stören den Bewegungsablauf und können im Gelenk solche Ausmaße annehmen, dass dieses regelrecht versteift (Spat, Schale).
Häufig führen ständige Überlastungen von Sehnen und Bändern an deren Ansatzstellen zu Reizungen oder Schäden am Knochen. Oder Traumata, wie ein Tritt auf das Gelenk, können ursächlich sein.
Auch Stellungsfehler können Überlastungen begünstigen.
Ohne Zweifel sind auch folgende Situationen Belastungen für die Gelenke: Starkes Beugen der Gelenke, wie es in der Dressur bei den versammelnden Lektionen gefordert wird, abrupte Stopps und enge Drehungen beim Westernreiten sowie Stauchungen beim Landen nach einem Sprung. Arthrotische Veränderungen entwickeln sich über die Zeit und schreiten langsam voran. Wenn man diesen degenerativen Prozess aufhalten kann und Schmerzen lindert, ist das aus meiner Sicht ein Therapiegewinn. Hierbei kann die Homöopathie unterstützen. An die nachfolgenden Arzneien kann man dabei denken.

Weniger ist mehr!

Grundsätzlich ist eine ausgewogene Ernährung und auch Mineralisierung wichtig, um den Knochenstoffwechsel optimal zu unterstützen, denn auch Mangelernährung kann das Entstehen von Arthrosen begünstigen. Aber hier gilt aus meiner Sicht die Devise: Weniger ist mehr!
Es kommt auf bedarfsgerechte Fütterung und nicht auf Quantität an. Ich bin manchmal ein wenig erschrocken, wenn ich sehe, was alles in den Ställen gefüttert wird. Der Markt an Futtermitteln ist groß und unübersichtlich, hier macht es Sinn, sich von unabhängiger Seite beraten zu lassen.

Calcium carbonicum (Calc-c) (Austernschalenkalk)

Calcium carbonicum gehört zu den großen konstitutionellen Mitteln, die unseren Patienten gesamtheitlich repräsentieren. Vor allem unter konstitutionellen Gesichtspunkten verschreibe ich Calcium carbonicum in der Regel, wenn das Mittel die Erkrankung abdeckt.
Die Arznei wird aus der inneren Schale der Auster hergestellt und damit aus dem härtesten Teil der Muschelschale. Calciumcarbonat ist ein wichtiges Mineral, das der Organismus zum Aufbau verschiedener Gewebe, insbesondere aber des Knochengewebes benötigt. Der Vergleich zwischen Auster und Charakter des Calcium-Patienten bietet viele Übereinstimmungen: Harte Schale – wei-

cher Kern, trifft es wie ich meine ganz gut. Der typische Calcium carbonicum-Patient ist von eher kräftiger Statur mit korpulentem, teils grobknochigem Körperbau und der Neigung zu Übergewicht. Das kann rassetypisch sein, trifft aber durchaus auch auf einen etwas schwereren Warmblüter mit starken Gelenken, großen Hufen und einem großen Kopf zu.

Die körperliche Konstitution ist allgemein eher weich und schlaff, mit wenig Muskelspannung. Calcium carbonicum-Pferde sind keine Hochleistungssportler, sondern eher solide Arbeiter. Diese Pferde können aber auch fleißig und arbeitswillig sein und mit entsprechendem Training durchaus auch Leistung erbringen. Was sie einmal gelernt haben, vergessen sie in der Regel nicht, sodass sie sich durchaus für den leichten Dressursport eignen. Große Sprünge traue ich Ihnen hingegen weniger zu – aber Ausnahmen bestätigen die Regel.

Zur Herstellung des homöopathischen Mittels Calcium carbonicum werden die inneren, schneeweißen Teile der zerbrochenen Austernschale verwendet.

Modalitäten

Verschlechterung des Zustandes durch:

- Kälte in jeder Form
- Feuchte Kälte
- Geistige und körperliche Anstrengung
- Überforderung, Stress

Verbesserung stellt sich ein durch:

- Trockenes Klima und mäßige Wärme
- Ruhe

Die Aufgabe für den Reiter besteht aus meiner Sicht darin, diese Pferde zu motivieren und in Gang zu halten, dann sind sie sehr zuverlässige Partner. Wenn diese Pferde allerdings überfordert werden, entwickeln sie oftmals zunächst störrisches Verhalten und können dann in Angst, Hektik und Stress geraten.

Calcium carbonicum ist eng mit dem Thema Überforderung verbunden. Das zeigt sich auch auf körperlicher Ebene. Der schwache Muskeltonus führt dazu, dass die Pferde vermehrt Verletzungen aufgrund von Verstauchungen oder Verrenkungen erleiden.

Das Gemüt ist eher schlicht und unkompliziert. Die Pferde wollen im Grunde alles richtig machen, aber manchmal sind ihnen eben physische Grenzen gesetzt. Auf der anderen Seite offenbaren die Pferde oft ungeahnte Sturheit. Ich beschreibe das gerne scherzhaft so: »Wenn das Calcium carbonicum-Pferd irgendwo hin will, dann geht es dahin, ob Sie da dranhängen oder nicht!«

Die Motivation ist bei diesen Pferden vor allem dann groß, wenn es ums Fressen geht. Sie sind schlicht verfressen und neigen zu Übergewicht.
In ihrem Lernverhalten sind sie manchmal etwas langsam, aber was ein Calcium carbonicum-Pferd einmal gelernt hat, das sitzt und ist zuverlässig abrufbar.

Wirkspektrum:
- Weiche Knochen, deformierte Gelenke
- Schwacher Muskeltonus
- Verletzungsneigung durch Überanstrengung
- Arthritis
- Arthrosen
- Degenerative Erkrankungen der Wirbelkörper

Modalitäten

Verschlechterung des Zustandes durch:
- Nasskaltes Wetter
- Kalte Zugluft
- Beginn der Bewegung

Verbesserung stellt sich ein durch:
- Wärme
- Warme Anwendungen
- Fortgesetzte, leichte Bewegung

Calcium fluoricum (Calc-f)
(Flussspat)

Calcium fluoricum haben wir schon als das »Knochensalz« kennengelernt. Aus dieser Bezeichnung wird der besondere Bezug zu knöchernen Prozessen und damit auch zu arthrotischen Veränderungen deutlich. Chronische Verletzungsfolgen mit spezifischer Beziehung zu Verhärtungen oder Elastizitätsverlust und Knochenzubildungen an Gelenken gehören zu den charakteristischen Symptomen – Zustände die hauptsächlich durch Mangelernährung der Knochen und synoviale Schwellungen gekennzeichnet sind.
Chronische Folgen von Verstauchungen, Zerrungen und Luxationen (Verrenkungen) mit der Tendenz zur Entwicklung von Arthrosen passen ebenfalls ins Bild.

Wirkspektrum:
- Verhärtungen von Gewebe mit der Tendenz zur Calzifizierung
- Knochenzubildungen (Exostosen)
- Mangelernährung der Knochen
- Tendenz zur Entwicklung von Arthrosen
- Fortgeschrittene Stadien von Arthrose, Spat und Schale
- Deformierende Arthrosen
- Verdickte Knochen
- Folgen von Überanstrengung

Calcium phosphoricum (Calc-p)
(Kalziumhydrogenphosphat)

Calcium phosphoricum ist ein wichtiges Mittel zur Aufrechterhaltung des Knochenstoffwechsels und wirkt gut auf den Knochenaufbau. Vor allem bei jungen Pferden

zeigen sich häufig unzureichendes Knochenwachstum und damit verbunden weiche, dünne, brüchige Knochen.
Calcium phosphoricum-Patienten zeigen in jungen Jahren häufig ein (zu) schnelles körperliches Wachstum. Erwachsene Pferde zeichnen sich durch hohe Leistungsbereitschaft aus. Calcium phosphoricum findet daher häufig Anwendung bei Sportpferden. Knochenauftreibungen bei Arthritis und Arthrosen im Gelenkbereich gehören zu den Anwendungsbereichen.

Wirkspektrum:

- Unzureichendes Knochenwachstum
- Wachstumsstörungen im Bereich von Knochennähten
- Arthrosen im Gelenkbereich
- Exostosen nach Verletzung der Knochenhaut

Modalitäten

Verschlechterung des Zustandes durch:

- Nasskaltes Wetter
- Jede Form von Kälte
- Bewegung
- Anstrengung
- Leistungsdruck

Verbesserung stellt sich ein durch:

- Trockenes, warmes Wetter
- Ruhe

Causticum (Caust) (Ätzstoff)

Caustium hat – wie alle mineralischen Arzneien – tiefgreifende Wirkung und ist angezeigt bei fortgeschrittenen Zuständen von arthrotischen Veränderungen und damit vielleicht eine Arznei, die nach dem Ende der sportlichen Karriere zum Einsatz kommen kann.
In diesen Fällen sind auf dem Röntgenbild bereits sehr deutliche Knochenzubildungen zu sehen, und so kann es ein Ziel sein, den degenerativen Prozess zu verlangsamen oder bestenfalls zu stoppen.
Causticum passt zu Pferden, die besonders »mitfühlend« sind. Obwohl das eine ziemlich menschliche Beschreibung ist, gibt es durchaus Pferde, die Anteil nehmen am Gemütszustand ihres Besitzers oder Reiters und dies auch zeigen.

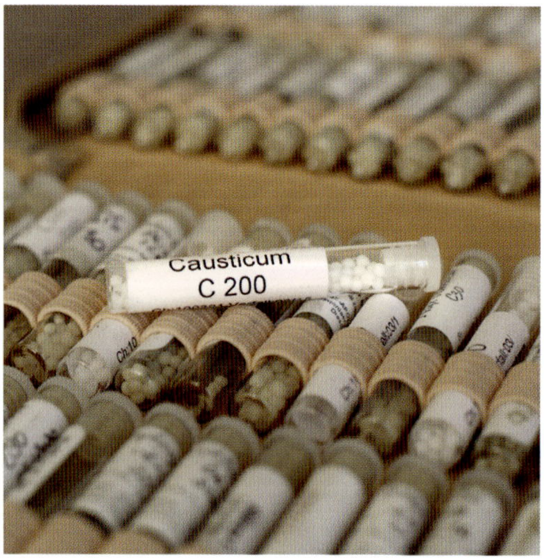

Causticum unterstützt den Bewegungsapparat bei Arthrose oder anderen degenerativen Prozessen.

Modalitäten

Verschlechterung des Zustandes durch:

- Hitze
- Wetterwechsel zum Kalten
- Kälte
- Kalte Zugluft
- Klares trockenes Wetter

Verbesserung stellt sich ein durch:

- Feuchtes und nasses Wetter
- Fortgesetzte Bewegung (Einlaufen)

Wir finden bei diesen Pferden oft sehr ausgeprägte und manchmal mit bloßem Auge sichtbare Deformierungen der Knochen (Schale, Spat). Die Gelenkschmerzen können zur Unruhe führen, denn Bewegung lindert die Beschwerden.
Causticum-Patienten neigen zum Stolpern und können ohne ersichtlichen Grund stürzen. Zu Beginn der Bewegung hört man die Gelenke auffällig »knacken«.

Wirkspektrum:

- Fortgeschrittene Gelenkdegeneration
- Arthrose mit deutlichen Zubildungen
- Arthritis
- Chronische Folgen von Überanstrengung

Wir beobachten ebenfalls erwachsene Pferde, die sich um Absetzer kümmern oder den Streit zwischen Artgenossen schlichten wollen. Gerechtigkeit – wieder so ein menschliches Empfinden – finden wir ebenfalls sehr ausgeprägt bei Causticum-Pferden, die sich oft sehr vehement gegen vermeintliche ungerechte Behandlung wehren.
In der menschlichen Materia Medica findet man in Zusammenhang mit Causticum auch den Begriff des Anarchisten. So weit will ich beim Tier nicht gehen, dennoch kann man Pferde beobachten, die ausgesprochen ärgerlich auf vermeintlich ungerechten Druck oder Strafe reagieren – das passt zu Causticum. Will man als Reiter mit diesen Pferden zurechtkommen, macht es Sinn, die Pferde »auf seine Seite zu bekommen«. Dann können sie bei körperlicher Leistungsfähigkeit sehr engagiert sein. Gelingt dies nicht, riskiert man mitunter Dominanzprobleme.

Der natürliche Alterungsprozess führt auch zu degenerativen Veränderungen der Gelenke.

Silicea (Sil)
(Kieselsäure)

Auch im Mittelbild von Silicea finden wir den Bezug zu knöchernen Prozessen und damit die Bereitschaft des Organismus knöcherne Zubildungen auch in Gelenken auszubilden. Diese haben sicherlich nicht annähernd die Ausmaße wie bei Causticum, aber so fein wie das Mittel Silicea sich im Allgemeinen präsentiert, so kann es doch für sehr destruktive Zustände in Frage kommen.
Sicher ist bei der Verschreibung von Silicea der konstitutionelle Bezug zum Patienten in den meisten Fällen ausschlaggebend. Ich habe aber auch schon erlebt, dass die Arznei aufgrund des klinischen Bildes sehr gut gewirkt hat, obwohl ich das Pferd konstitutionell anders eingeschätzt habe. Ausnahmen bestätigen eben die Regel.
Wir erinnern uns bei dem Silicea-Patienten an ein feines, zartes, edles und zurückhaltendes Pferd, das uns niemals umrennen würde, sondern eher nachgiebig einen Schritt zurück weicht.

Modalitäten

Verschlechterung des Zustandes durch:
- Kälte, vor allem Zugluft
- Kaltwerden aller Art

Verbesserung stellt sich ein durch:
- Fortgesetzte Bewegung
- Warmes (aber nicht heißes) Wetter
- Zuwendung

Wirkspektrum:
- Mangelernährung der Knochen
- Arthrosen
- Entzündung von Gelenken - Arthritis
- Exostosen

Das feine Mittel Silicea kann durchaus für sehr destruktive Erkrankungen in Frage kommen.

Erkrankungen der Verdauungsorgane

Pferde verfügen über ein äußerst empfindliches und für Erkrankungen anfälliges Verdauungssystem. Störungen im Magen-, Darmtrakt gehören zu den häufigen Erkrankungen – nicht nur beim Sportpferd! Durch häufige Transporte und die damit einhergehenden Umstellungen, verbunden mit Stress, können Sportpferde allerdings besonders betroffen sein.

Verdauungsprobleme – sowohl akute wie auch chronische – müssen wir ernst nehmen und Ursachen möglichst rasch beheben.

Im Darm sitzt ein Großteil des Immunsystems. Eine geschwächte oder sogar geschädigte Darmflora, hat auch Auswirkungen auf das Immunsystem. Eine schwache körpereigene Abwehr öffnet Krankheiten Tür und Tor.

Wohlbefinden und Leistungsfähigkeit unserer Pferde hängen auch von ihrer Darmgesundheit ab.

Erkrankungen des Magens

Pferde mit Magenproblemen fallen oft durch schlechte Futteraufnahme auf. Sie beginnen zunächst mit Appetit zu fressen, wenden sich aber nach kurzer Zeit und wenigen Bissen wieder ab. Häufig sind betroffene Pferde müde, apathisch, flehmen, lecken sich auffällig oder knirschen mit den Zähnen.
In Folge der schlechten Futterakzeptanz kann es zur Gewichtsabnahme kommen.
Typische Krankheitsbilder sind Magengeschwüre und Entzündungen der Magenschleimhaut (Gastritis). Diese Erkrankungen sind bei Sportpferden heute weit verbreitet. Sie zählen zu den häufigen gesundheitlichen Problemen beim Pferd und sind auch bei Freizeitpferden anzutreffen.

Charakteristisch für Pferde mit Magenproblemen: häufiges unvermitteltes Gähnen.

Mögliche Ursachen:
Dem Futtermanagement kommt nicht nur bei empfindlichen Pferden eine große Rolle zu! So sollte Raufutter – Heu bester Qualität – immer in ausreichender Menge zur Verfügung stehen und unbedingt vor dem Kraftfutter gefüttert werden. Durch die, im Vergleich zu Kraftfutter, längere Kautätigkeit, erhöht sich die Speichelproduktion, was zu einer Verbesserung des ph-Wertes führt und die aggressive Magensäure puffert.
Pferde produzieren ununterbrochen Magensäure – ob sie Futter aufnehmen oder nicht. Zum Schutz des Magens ist es deshalb wichtig, dass nicht zu lange Fresspausen entstehen. Maximal drei Stunden ist hier ein Anhaltspunkt. Gut, wenn das auch während Transport und Turnieraufenthalt umgesetzt werden kann.

Die Faktoren die zu Magenerkrankungen beim Pferd führen können, sind aber multifaktoriell. So spielt beispielsweise Stress eine große Rolle bei der Entstehung von Magengeschwüren. Der kann durch Transporte, Aufregung vor und während des Turniers, hohe Leistungsanforderungen, eventuell mehrtägige Aufenthalte in fremder Umgebung, aber auch durch Schmerzen verursacht werden.
Durch Stress vermindert sich die schützende Schleimschicht in der Drüsenschleimhaut und bietet keinen ausreichenden Schutz mehr gegen die aggressive Magensäure.

Mobbing bedeutet Stress

Stress kann auch bei Freizeitpferden zu Magenproblemen führen.
Ich beobachte immer wieder, dass zum Beispiel in Offenstallhaltungen dahingehende gesundheitliche Probleme auftreten. Alle Pferde in so einem Gefüge müssen auch die Möglichkeit des Rückzugs haben, um ruhen und schlafen zu können, ebenso müssen sie in Ruhe fressen dürfen.
Mobbing bedeutet Stress und findet auch unter Pferden statt. Nach meiner Erfahrung sind lange nicht alle Pferde mit dieser Haltungsform glücklich.

Schmerzmittel und Entzündungshemmer reduzieren gleichermaßen die Schleimproduktion in der Drüsenschleimhaut und können zur Schädigung beitragen.
Zu Magenerkrankungen führen außerdem Toxine – von Holzschutzmitteln über schlecht vertragene Medikamente, bis zu (zu) häufig verabreichte Wurmkuren kommen hier in Frage. Schließlich sind als mögliche Ursache noch die Larven der Magendassel zu nennen. Bei einer Infektion ist eine abgestimmte Wurmkur natürlich anzuraten! Der ideale Zeitraum hierfür ist nach neuen Erkenntnissen Mitte Oktober bis Mitte November.
Beispielhaft habe ich nachstehend eine Rubrik aus dem homöopathischen Symptomenverzeichnis (Repertorium) aufgeführt. Dort sehen wir, dass 107 unterschiedliche homöopathische Arzneien einen Bezug zur Entzündung des Magens haben und 77 Mittel das Thema Magengeschwür abbilden.
Die aus meiner Sicht am häufigsten vorkommenden, auch hier wieder rot markierten Mittel, schauen wir uns etwas genauer an.

Magen Entzündung: (107)
acon. *Aeth.* agar-em. agar-ph. agro. all-c. alum. alumn. *Ant-c.* **ANT-T.** Apisapoc. Arg-n. **ARS.** ars-i. ars-s-r. asaf. asar. aur. aur-m. bar-c. bar-i. *Bar-m.* **BELL.** bell-p. benz-ac. *Bism.* brom. **BRY.** *Cact.*cadm-s. *Camph.* cann-xyz. *Canth.*carb-ac. carb-an. chel. *Chin.* chinin-m. chlor. cic. cob-n. *Cocc.* colch. coloc. *Con.* cop. cory. cund. cupr. cyt-l. *Dig.* **EUPH.** euph-c. euph-ip. ferr-p. ferr-s. gaul. gels. *Graph.* hell. *Hydr.* hydr-ac. **HYOS.** indg. iod. *Ip.*kali-ar. kali-bi. kali-i. kali-m. kali-n. kali-perm. kali-s. kali-sula. *Lac-d.*lach. laur. **LYC.** mag-s. mang-s. merc-c. mez. **NUX-V.** ox-ac. **PHOS.** *Plb.*puls. ran-b. ran-s. rumx-act. sabad. *Sabin.* sal-ac. *Sang.* sanic. Sec. sin-a. spig. squil. stram. tart-ac. *Ter.*tub-d. **VERAT.** *Verat-v.* zinc-act.

Magen Geschwüre: (77)
acet-ac. acon. aesc. agav-a. alum. alumn. ant-t. *Arg-n.* ***Ars.*** Atro.bapt. bell. bism. brom. cadm-met. cadm-s. calc. *Calc-ar.*calc-p. canth. carb-ac. carb-v. carc. caust. con. cortico. *Crot-h.* cund. *Cur.* *Dys.* ferr. ferr-act. ger. graph. grat. grin. *Ham.* **HYDR.** iod. *Ip.* **KALI-BI.** *Kali-c.* kali-i. kali-p. *Kreos.* **LYC.** mag-c. merc. *Merc-c.* *Mez.* nat-m. nat-p. nat-s. *Nit-ac.* ***Nux-v.*** op. orni. petr. **PHOS.** plb. plb-act. **PSOR.** ran-b. rat. Ruta **SEP.** sil. sin-a. sul-ac. sulph. symph. syph. tab. uran-met. *Uran-n.* vario. verat.

Nux vomica (Nux-v)
(Brechnuss)

Nux (= Nuss), vomica (= Unheil). Schon der Name gibt einen Hinweis auf das Wirkspektrum von Nux vomica, welches durch quälende Übelkeit und elenden Brechreiz gekennzeichnet ist.
Pferde können aufgrund ihrer Physiologie nicht erbrechen, was die Symptomatik etwas verschiebt. Nux vomica ist dennoch eine der wertvollsten Arzneien bei akuten Magenerkrankungen wie Magengeschwüre und Gastritis.

Wirkspektrum:
- Gastritis und Magengeschwüre
- Oftmals die erste Arznei nach schulmedizinischer Medikation
- »Reiniger« von toxischen Substanzen
- Akute Vergiftungsfolgen (Futter, Medikamente, etc.)
- Folgen von Stress
- Folgen übermäßiger körperlicher, aber auch mentaler Anforderungen

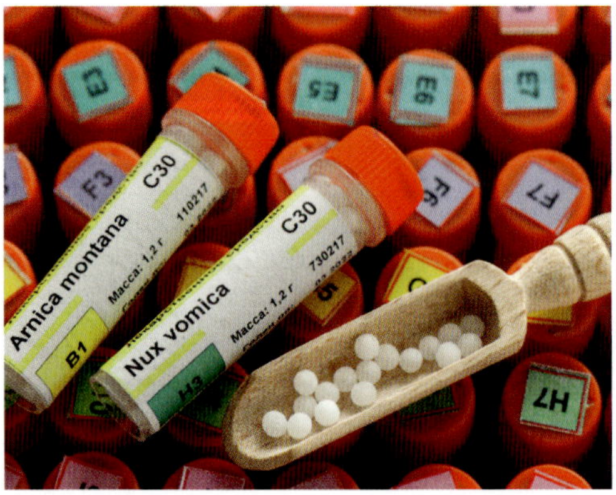

Nux vomica ist oft das erste Mittel nach häufigen Arzneimittelgaben und gilt als sogenannter »Reiniger«.

Modalitäten

Verschlechterung des Zustandes durch:
- Kälte und Kaltwerden, Zugluft (Das kann auch ein Wetterwechsel von warm nach kalt sein.)
- Laute Geräusche und äußere Stressoren
- Berührung – vor allem am angespannten Bauch
- In der Regel geht es den Patienten morgens schlechter

Verbesserung stellt sich ein durch:
- Wärme, zum Beispiel warmes Eindecken oder Solarium
- Ruhe und die Möglichkeit, sich zurückzuziehen
- In der Regel geht es den Patienten abends besser

Besondere Indikation:
Nux vomica ist oft das erste Mittel nach häufigen Arzneimittelgaben. Es gilt als sogenannter Reiniger und stellt das Gleichgewicht im Organismus dahingehend wieder her, dass eine adäquate Reaktion und Reizverarbeitung auf den homöopathischen Impuls erfolgen kann. Pferde, die Nux vomica benötigen, reagieren äußerst empfindlich und gereizt auf sämtliche Sinnesreize. Sie sind überempfindlich gegenüber Stress jeglicher Art, genauso wie laute Geräusche, Kälte, oder Überanstrengung. Ihre Reaktionen können sehr impulsiv und mitunter auch aggressiv sein, die Stimmung ist

oftmals gereizt. Sie lassen sich nicht so gerne anfassen, besonders nicht am angespannten Bauch, die Magengegend ist sehr empfindlich gegen Druck. Angurten beim Satteln kann daher heftige Abwehrreaktionen auslösen. Man sieht den Pferden Stress und den Schmerz buchstäblich an.
Die Pferde können sehr viel Ehrgeiz entwickeln, zeigen aber andererseits auch ein deutliches Bedürfnis nach Ruhe und Rückzug. Wärme tut ihnen gut, Nux vomica gilt als eines der verfrorensten Mittel in der Materia medica (Arzneimittellehre).
Nux vomica-Patienten gelten als heikle Esser, ihnen fehlt der Appetit, oft wenden sie sich nach ein paar Bissen ab. Ein Völlegefühl scheint sich schnell einzustellen, obwohl sie Hunger haben.
Alle Arten von Krämpfen können auf Nux vomica hinweisen, hierauf gehe ich noch ausführlich im Kapitel Kolik ein.
Auch wenn das Wirkspektrum von Nux vomica sehr breit ist, gilt diese Arznei im Allgemeinen doch nicht als konstitutionelles Mittel, das den Patienten in seiner Gesamtheit erfasst. Daher ist es immer eine Überlegung wert, im Anschluss an eine Erkrankung, die mit Nux vomica erfolgreich behandelt werden konnte, ein tiefer greifendes Mittel zu geben, um den Organismus nachhaltig zu stärken.
Da sich die Beschwerden morgens verschlimmern, ist die beste Zeit für die Verabreichung am Abend, wenn auch »Körper und Geist« zur Ruhe gekommen sind. Diese Empfehlung gilt für geplante Gaben, im Akutfall nehme ich hierauf keine Rücksicht und gebe die Arznei unabhängig von der Tageszeit, wenn sie angezeigt ist.

Phosphorus (Phos) (Phosphor)

Im Vergleich zu Nux vomica, gehört Phosphor zu den sogenannten großen Polychresten, und damit zu den sehr gut geprüften Mitteln mit einem breiten und bewährten Wirkspektrum auf den Körper und seine Systeme. Phosphor gilt als eine der großen konstitutionellen Arzneien, also jenes Äquivalent, dass den Patienten möglichst in seiner Gesamtheit repräsentiert.
Ich habe manchmal den Eindruck, jeder möchte gerne ein Phosphor-Pferd haben, ziehen sie uns doch mit ihrem sanguinischen Temperament so sehr in den Bann.
Irgendwie haben sie eine Aura um sich herum, geprägt von Schönheit und Athletik.

Modalitäten

Verschlechterung des Zustandes durch:

- Liegen auf der linken Seite
- Erregung durch Sinneseindrücke (Aufregung, Schreck, Erwartungsspannung – alle Emotionen)
- Nasswerden
- Kaltes Wetter
- Körperliche/geistige Überanstrengung

Verbesserung stellt sich ein durch:

- Zuwendung
- Ruhe
- Schlaf

Die Pferde scheinen zu strahlen und ziehen die Aufmerksamkeit auf sich.
Phosphor hat ganz offensichtlich etwas mit Licht zu tun, denn übersetzt bedeutet Phosphorus: »Lichtträger«, was gut zu der strahlenden Erscheinung dieser Pferde passt.
Die Ausgangssubstanz kann sich ohne fremdes Zutun an der Luft von selbst entzünden. Phosphor ist sehr reaktions- und verbindungsfreudig, verursacht brennende Schmerzen, führt zu Entzündungen und Degeneration der Schleimhäute, besonders des Magens und Darms.

Der einfache gelbe Phosphor wurde 1669 entdeckt und diente zur Herstellung von Zündhölzern.

Wirkspektrum:
- Entzündung/Reizung/Blutung der Magenschleimhaut
- Magenschmerzen
- Magengeschwüre
- Vergiftung
- Bauchschmerzen, oft druckempfindliches Abdomen

Besondere Indikation:
Der leichten Entzündlichkeit von Phosphor entspricht das leicht zu beeindruckende, extrovertierte, sensible, leicht erregbare, sanguinische Temperament der Pferde.
Phosphor-Persönlichkeiten sind begeisterungsfähig, kontaktfreudig und spontan. Sie gehen offen, mit gespitzten Ohren und ohne Vorbehalte auf andere zu.
Sie lieben körperlichen Kontakt, mögen gerne berührt und geputzt werden, stecken andere mit ihrer Warmherzigkeit und ihrem Mitgefühl an.
Auf der anderen Seite neigt der Phosphor-Patient dazu, sich zu sehr »zu versprühen«, denn wir sehen häufig, dass die Pferde schnell erschöpft sind und ihre Konzentration dann nachlässt. Überhaupt gehört Konzentration nicht zu den Stärken von Phosphor-Pferden. Sie lassen sich schnell ablenken und sind häufig mehr an dem interessiert, was um sie herum geschieht, als sich auf ihre Aufgabe zu konzentrieren.
Das kann die Präsentation auf dem Turnier mitunter erschweren, wenn die Aufmerksamkeit weniger auf den Reiter als auf die Umgebung gerichtet ist.
Phosphor-Pferde können aber auch mit großem Eifer bei der Sache sein und dann aufgrund von körperlicher oder geistiger Erschöpfung die Konzentration verlieren. Wenn ich das als Reiter weiß, kann ich darauf Rücksicht nehmen und mein Pferd durch häufigere Pausen unterstützen.
Es gibt aber auch noch eine andere Seite von Phosphor: Auch wenn es nicht so häufig vorkommt, gibt es Tiere, die mitunter

sehr reizbar sein können und zu Zorn und Aggressivität neigen.
Phosphor-Pferde haben Angst vor dem Alleinsein, und »sehen oft in jeder Ecke ein Gespenst«. Die Pferde entwickeln einfach häufig vor allem Möglichen Ängste.
Sie merken schon, dass Sie sich als Reiter voll auf diese Pferde konzentrieren müssen, da sie oft auch ganz unvermittelt Fluchtreaktionen zeigen. Durch Zuwendung sind sie aber in der Regel wieder zu beruhigen. Aufgrund ihrer Feinsinnigkeit spüren die Phosphor-Pferde zum Beispiel ein aufziehendes Gewitter sehr früh und können auch dann ängstlich reagieren. Ähnliches gilt für Silvester. Das Zischen und laute Knallen der Silvesterraketen versetzt sie in Angst und Schrecken.

Typisch ist der große Durst von Phosphor-Pferden vor allem auf kaltes Wasser, was mitunter aber nicht gut vertragen wird.

Arsen ist ein metallisches, sehr wirksames Gift, das aus dem Mineral Arsenopyrit gewonnen wird.

ARSENICUM ALBUM (ARS) (Weißes Arsenik)

Arsen zählt ebenfalls zu den großen Polychresten, zu den Mitteln also, die viele unterschiedliche therapeutische Anwendungsbereiche abdecken. Arsen ist ein homöopathisches Mittel, das wir meiner Erfahrung nach häufig auch im Sportpferdeumfeld finden – insbesondere unter konstitutionellen Gesichtspunkten.
Arsen-Pferde sind blutgeprägt, feingliedrig und von eleganter, fast vornehmer Erscheinung. Sie sind, wie Phosphor-Pferde auch, hochsensibel und feinfühlig. Meist haben sie auffallend kurzes Fell, frieren schnell und bevorzugen daher die Wärme.

Wirkspektrum:
- Ausgeprägte Gastritis – akut oder chronisch
- Magengeschwüre mit großer Reizbarkeit und Erschöpfung
- Hochgradiges Unwohlsein – »sterbensübel«
- Vergiftung – verdorbenes Futter
- Quälende Magenschmerzen

Besondere Indikation:
Während der Phosphor-Patient uns neugierig, offen und freundlich begegnet, ist das Arsen-Pferd zurückhaltender und vorsichtiger. Man kann fast den Eindruck gewinnen, dass die Tiere durch die ständige Aufmerksamkeit und auch Nervosität, mit der sie ihrem Umfeld begegnen, gestresst sind.
Ängstliche Ruhelosigkeit ist ein wichtiges Merkmal von Arsenicum album!
Am wohlsten fühlt sich das Arsen-Pferd, wenn alles seinen gewohnten Gang geht, Umgebung und Bezugspersonen vertraut sind.
Sie können durchaus zugänglich sein und Nähe zulassen, aber aus dem Misstrauen heraus bleibt eine gewisse emotionale Distanz, besonders gegenüber Fremden. Wenn sie sich in die Enge getrieben fühlen, steigern sich Aggressionen, geprägt von Angst und Panik. In solchen Situationen kann der Arsen-Patient völlig außer Kontrolle geraten!
Diese Pferde sind in der Regel sehr leistungsbereit und leistungsfähig. Die Kunst besteht darin, ihnen Sicherheit zu vermitteln, damit Leistung auch abgerufen werden kann.
Eine wichtige Rolle kommt der Bezugsperson zu. Arsen-Pferde schließen sich oft einer Person an, der sie dann vertrauen. So können sie die Sicherheit gewinnen, die sie brauchen, um Leistung im Wettkampf erbringen zu können.

Modalitäten

Verschlechterung des Zustandes durch:
- Alles wird schlechter nach 24 Uhr!
- Kaltwerden
- Nasswerden
- Körperliche Überanstrengung
- Ungewohnte Anforderung
- Mentalen Stress
- Ruhe
- Alleinsein

Verbesserung stellt sich ein durch:
- Wärme
- Gesellschaft
- Bewegung

Gewohnte, möglichst immer gleiche Abläufe, vielleicht auch Rituale, helfen diesen Pferden, gelassen zu bleiben.
Erkrankungen der Arsen-Patienten können sowohl akut wie auch chronisch sein. Charakteristisch ist in beiden Fällen eine auffallende Schwäche, die in keiner Relation zur Erkrankung zu stehen scheint.
Auffallend ist ebenfalls der Geruch, der von diesen Tieren, insbesondere von deren Ausscheidungen oder Absonderungen, ausgeht. In der Literatur findet man in diesem Zusammenhang immer wieder die Beschreibung »aashafter Gestank«.
Die Patienten sind empfindlich gegenüber Kälte. Wärme bessert alle Beschwerden! Das ist so charakteristisch im Mittelbild von Arsen,

dass ich die Mittelwahl überdenke, wenn sich ein Pferd mit Wärme unwohl fühlt und Kälte bevorzugt.
Typisch ist auch großer Durst, aber im Gegensatz zu Phosphor-Patienten, nimmt das Arsen-Pferd nur kleine Schlucke, geht aber dafür häufiger zum Wasser.

Lycopodium clavatum (Lyc)
Keulenbärlapp

Wir haben im Repertorium bereits gesehen, dass eine Vielzahl homöopathischer Mittel einen Bezug zu Magenerkrankungen haben. Alle zu beschreiben würde den Rahmen dieses Buches sprengen. Ich möchte Ihnen aber eine weitere Arznei mit großem Wirkspektrum vorstellen: Lycopodium, der Keulenbärlapp gehört ebenfalls zu den großen konstitutionellen Mitteln.
Der Lycopodium-Patient kann unter allen Formen von Magenerkrankungen leiden, bis hin zum Magengeschwür. Die Ursache ist in den meisten Fällen stressbedingt.
Pferde, die dem Lycopodium-Bild sehr ähnlich sind, finden wir häufig im Sport. Sie gelten als überaus intelligent, lern- und anpassungsfähig und sind darüber hinaus sehr ehrgeizig und leistungsbetont.
Sie haben allerdings wenig Selbstvertrauen und sind mitunter ängstlich oder zögerlich, vor allem in unbekannten Situationen. Aus diesem Grund schließen sie sich ranghöheren Individuen bereitwillig an, rangniedrigeren Artgenossen oder Personen begegnen sie dagegen schon mal mit reizbarem und auch aggressivem Verhalten.

Modalitäten

Verschlechterung des Zustandes durch:
- Leistungsstress
- Aufregung
- Erwartungsangst
- Verschlimmerung zwischen 16.00 und 20.00 Uhr
- Warme, stickige Luft im Stall
- Nasses Wetter
- Kaltwerden

Verbesserung stellt sich ein durch:
- Aktive Bewegung
- Frische Luft
- Beschäftigung

Bei souveräner Führung durch den Menschen sind sie freundlich und leistungsbereit!

Wirkspektrum:
- Stressbedingte Magenerkrankungen
- Wiederkehrende oder chronische Schmerzen oder ein Unwohlsein im oberen Bauchbereich

Besondere Indikation:
Die Bandbreite an Charaktereigenschaften der Lycopodium-Pferde ist breit und reicht von ängstlichem Verhalten – vor allem mögen sie nicht gern allein sein – bis zum souveränen, leistungsbereiten Anführer. Allen gemein aber ist der Umstand, dass sie gerne etwas mehr darstellen als sie sind.

Lycopodium-Pferde »blasen sich gerne etwas auf«. Hierauf kommen wir im Kapitel Kolik noch ausführlicher zu sprechen.

Körperlich finden wir in vielen Fällen ein auffällig dickeres Abdomen im Gegensatz zu einer schmalen Brust.

Die Tiere sehen oft älter aus als sie sind und haben erstaunlich früh ergrautes Fell im Gesicht. Sie können schwach bemuskelt sein, gelegentlich mager erscheinen, aber auch sehr athletisch daher kommen. Auch hier ist die Variationsbreite groß.

Das Lycopodium-Pferd nimmt Zuwendung gerne an, verlangt aber nicht so sehr danach wie das Phosphor-Pferd. Wenn es krank ist, nimmt es eher eine abweisende Haltung ein und wendet sich lieber ab. Viele gesundheitliche Störungen resultieren aus Stress. Der schlägt ihnen buchstäblich auf den Magen.

Das können Folgen erhöhter Anforderungen sein, aber auch Beschwerden durch Erwartungsangst und vieles mehr.

Die Ausprägung der Beschwerden kann dabei sowohl akut wie auch chronisch sein.

Lycopodium-Pferde stellen gerne die Dominanzfrage. Hier ist man als Reiter gut beraten, die Führungsposition einzunehmen. Einerseits vermittelt man dem Pferd dadurch die nötige Sicherheit, andererseits wirkt man sturem Ungehorsam entgegen. Lycopodium-Pferde haben durchaus das Bestreben, eigene Pläne umzusetzen – wenn man sie lässt!

Kann kein konstitutioneller, gesamtheitlicher Ansatz gefunden werden, erweist sich die klinische Sicht manchmal als hilfreich. Mit dem Blick in die Repertoriumsrubrik Magen-Geschwüre fallen uns noch Kalium bichromicum und Hydrastis auf.

Lycopodium, auch Schlangenmoos genannt, ist eine immergrüne Pflanze, die in den Bergregionen der Nordhalbkugel vorkommt. Das homöopathische Mittel wird aus dem Blütenstaub der blühenden Zweige hergestellt.

Die Materia medica ist eine Symptom-Sammlung oder auch Sammlung homöopathischer Arzneimittelbilder.

Kalium bichromicum (Kali-bi)
(Kaliumdichromat)

Kalium bichromicum hat besondere Affinität zu sämtlichen Schleimhäuten des Körpers, besonders zu Magen, Nase und Luftwegen. Die großen Leitsymptome der Arznei sind:

- Zäher, fadenziehender Schleim (Mittels Endoskopie festzustellen)
- Bildung von Pfropfen und harten Schleimstücken
- Tiefe, perforierende (Magen-) Geschwüre (Endoskopie!)

Charakteristisch für diese Arznei ist die Absonderung von klebrigem, zähem Schleim, was durch eine endoskopische Untersuchung des Magens festgestellt werden kann.
Genauso gehört die Ausbildung von (Magen-) Geschwüren zu den Leitsymptomen. Auffallend ist, dass sich diese tief ins Gewebe fressen – »perforiert, wie ausgestanzt« findet sich als Beschreibung in der Arzneimittellehre.

Hydrastis (Hydr)
(Kanadische Gelbwurz)

Eine weitere homöopathische Arznei mit Wirkung auf die Schleimhäute ist Hydrastis. Hydrastis ruft Katarrhe nahezu sämtlicher Schleimhäute hervor – auch des Magens. Die Entzündungen können mit, aber auch ohne Geschwürbildung auftreten.
Hydrastis hat mit Degeneration von Geweben zu tun und so können die Magengeschwüre bösartigen Charakter haben. Auch hier sondern die Schleimhäute ein dickes, gelbes, klebriges Sekret ab, ähnlich wie bei Kalium bichromicum. Auffällig bei Patienten die Hydrastis benötigen, ist die ausgeprägte Abneigung gegen Essen obwohl der Magen eigentlich leer sein sollte und man daher Hunger vermuten könnte.
Patienten mit Magenschleimhautentzündungen oder Magengeschwüren, die Hydrastis benötigen, erfahren Linderung durch Wärme und Ruhe. Die Symptome verschlechtern sich durch kalte Luft, oder kalten Wind.

Erkrankungen des Darms

Alles beginnt im Darm! Das wusste schon Hippokrates (420 v. Chr.).
Darmgesundheit und Immunsystem hängen eng zusammen. Knapp 80 % aller Abwehrreaktionen laufen hier ab.
Der Darm beheimatet ein Vielfaches mehr an Bakterien als der ganze Organismus an Zellen besitzt und die Vielfalt dieses Mikrobioms (Darmflora) ist essentiell für die Gesundheit. Bei nahezu allen chronischen Erkrankungen spielt der Darm eine Rolle! Er verdient daher unsere Aufmerksamkeit.
Darmprobleme äußern sich vielfältig, zum Beispiel in: Autoimmunerkrankungen, Allergien, Blähungen, Bauchkrämpfen, unregelmäßigem Stuhlgang, Stuhlverhaltung oder Durchfall, Hautproblemen, Stimmungsschwankungen und auch Vergiftungserscheinungen.
Immer wiederkehrende Infektionen können auf einen Darmdefekt hinweisen. Im Krankheitsfall ist eine Darmsanierung also elementar. Genauso wichtig ist eine gesunde und artgerechte Ernährung.
Schwefel verändert das Darmmilieu und unterstützt den Darm dabei, die richtigen Darmbakterien anzusiedeln, aber auch Huminsäuren leisten, nach meiner Erfahrung, einen großen Beitrag zur Darmgesundheit. Huminsäuren bilden einen feinen Schutzfilm auf der Darmschleimhaut und besetzen damit die potenziellen Anhaftungsstellen für infektiöse Erreger, wie Viren, Bakterien oder auch Pilze. Die Schleimproduktion wird gefördert und so die gesunde Darmflora unterstützt. Gifte von Erregern oder auch Schwermetalle werden im Darm gebunden und können auf natürliche Weise ausgeschieden werden.
Vergessen wir nicht, dass der Darm auch eine sehr feinstoffliche Aufgabe hat, schließlich »verdaut« er quasi alles, was uns – und unseren Tieren – so widerfährt.
Um die Balance des Immunsystems zu erhalten, oder wieder herzustellen, helfen Omega-3-Fettsäuren. Sie wirken positiv auf die Zellgesundheit ein und leisten damit einen wichtigen Beitrag zur Regulierung von Entzündungen im Körper.
Omega-3-Fettsäuren kommen vor allem in fettreichem Fisch vor, aber auch in Leinöl, das sich zur Versorgung des Pferdes mit Omega-3-Fettsäuren empfiehlt.
Der Energiegehalt einer Tasse Öl entspricht in etwa 1 kg Hafer. Das muss bei der Rationsgestaltung berücksichtigt werden!
Das Immunsystem von Turnierpferden ist vielfach gefordert, denn es muss sich immer wieder mit veränderten Umgebungsbedingungen und unterschiedlichem Keimmilieu auseinandersetzen. Diesem Umstand Aufmerksamkeit zu schenken, gehört aus meiner Sicht zu einem professionellen Gesundheitsmanagement. Schauen wir uns mal an, welche Krankheitsbilder den Darm häufig betreffen.

Durchfall

Zu den häufigen Erkrankungen des Darms gehört Durchfall (Diarrhö). Dieser kann akut und auch chronisch auftreten, manchmal auch im Zusammenhang mit Kolik.
Leichte Fälle von Diarrhö beim erwachsenen Pferd vergehen oftmals innerhalb kurzer Zeit, vorausgesetzt die Ursache wird erkannt und abgestellt. Heftiger akuter Durchfall, der

Bei einer Durchfallerkrankung sollte man so schnell wie möglich versuchen, die Ursache herauszufinden.

länger als 24 Stunden anhält, erfordert tierärztliche Unterstützung! Denn, wenn der Körper mehr Flüssigkeit verliert als er aufnimmt, beginnt er auszutrocknen, er dehydriert. Diese Gefahr ist so hoch, dass man hier kein Risiko eingehen sollte.

Bei einer Durchfallerkrankung kommt es zu Veränderungen der Darmschleimhaut mit verminderter Nährstoffaufnahme. Durch Schädigung der Darmschleimhaut können Toxine (Giftstoffe) und Bakterien in den Blutkreislauf eindringen und andere Organe zusätzlich belasten.

Mögliche Ursachen:

Auch bei Durchfallerkrankungen kommt der Fütterung als mögliche Ursache eine entscheidende Rolle zu: Zu schnelle Futterumstellungen, unregelmäßige Fütterung, verunreinigtes oder verdorbenes Futter erhöhen das Risiko.

Auf dem Turnier fressen viele Pferde schlecht. Hier kann es hilfreich sein, das gewohnte Futter mitzunehmen und – wenn möglich – die gewohnten Fütterungszeiten einzuhalten, um den Darm so wenig wie möglich zu belasten.

Infektiöse Erreger sind vor allem Viren und Bakterien, aber auch Pilze oder Würmer können Durchfall verursachen, genauso wie die Aufnahme von Giftstoffen. Hierzu können auch Medikamente, z.B. Antibiotika oder Schmerzmittel zählen.

Die Aufnahme von unverdaulichen Stoffen, wie Sand oder Späne, können die Darmschleimhaut so reizen, dass Durchfall entsteht. Besonders sensible Pferde reagieren auf physischen oder psychischen Stress mit Darmproblemen wie Durchfall. Aufgrund ihrer höheren körperlichen aber auch emotionalen Belastung, können Sportpferde hier besonders häufig betroffen sein.

Enteritis

(Entzündung der Darmschleimhaut)
Eine Entzündung der Darmschleimhaut geht meistens mit Durchfall einher. Damit sind Wasser- und Elektrolytverluste, drohende Austrocknung, die Aufnahme von Toxinen aus dem Darm, eine gestörte Darmmotorik und schließlich eine gestörte Nährstoffaufnahme mögliche Folgen.

Mögliche Ursachen:
Die wichtigsten Ursachen sind infektiöse Erreger wie Viren und Bakterien, Pilze, Parasiten und Toxine sowie Fütterungsfehler.

Darmdysbiose

Von einer Dysbiose spricht man, wenn sich das bakterielle Milieu im Darm verschoben hat. Hierdurch kommt es zu Verdauungsstörungen, die ebenfalls mit Durchfall einhergehen, aber auch Kolik auslösen können.
Eine Dysbalance in der Verteilung der Mikroorganismen kann darüber hinaus Fehlgärungen oder Blähungen hervorrufen.
Die Milieubedingungen können sich teilweise sehr schnell zum Nachteil der physiologischen Keimflora verschieben. Das Therapieziel bei einer Dysbiose ist daher die Umstimmung des Milieus! Hierbei können mitunter Huminsäuren einen wertvollen Beitrag leisten.

Mögliche Ursachen:
Als Hauptursache können Fütterungsfehler aber auch schlecht vertragene Antibiotika angesehen werden. Der Sinn einer Behandlung mit Antibiotika ist die Bekämpfung von Bakterien. Leider unterscheiden die Medikamente hierbei nicht zwischen »guten« (physiologischen) und »schlechten« (krankmachenden) Bakterien. Im Anschluss an eine antibiotische Therapie ist daher der Wiederaufbau der physiologischen Darmflora dringend zu empfehlen.

Flehmen kann ein Ausdruck von Schmerzen sein – denn Pferde haben keine spezifischen Schmerzlaute.

Kotwasser

Nach meiner Wahrnehmung leiden immer mehr Pferde unter Kotwasser, deshalb möchte ich die Symptomatik hier erwähnen. Interessant finde ich in dem Zusammenhang, dass dieses Phänomen vor 20 Jahren kaum aufgetreten ist! Was machen wir also heute anders? Turniere gab es damals auch schon! Das Geschehen ist sicherlich multifaktoriell zu bewerten, wird in der Fachwelt sehr unterschiedlich diskutiert und gilt als noch wenig erforscht. Mit großer Wahrscheinlichkeit kommt dem Futtermanagement eine bedeutende Rolle zu.

Ich kenne Pferde, die im Sommer bei Weidegang unter Kotwasser leiden, genauso wie Pferde die nur im Herbst und Winter – nach Ende der Weidesaison – betroffen sind. Und einige haben sogar ganzjährig mit dem Problem zu tun. Eine große Rolle scheint schlecht verdauliches sowie auch schlecht zerkleinertes Futter zu spielen.

Außer der Fütterung wird Kotwasser aber auch durch die im Abschnitt zu Durchfallerkrankungen beschriebenen Ursachen begünstigt: infektiöse Erreger, Wurmbefall, Toxine und Stress.

Parallel zu dem richtigen (Futter-)Management spielt sicher die Förderung einer ausbalancierten Darmflora eine wichtige Rolle in der Therapie. Eine Behandlung ist aber erfahrungsgemäß nicht ganz einfach – auch homöopathisch nicht! Welche Maßnahmen kommen bei Kotwasser in Frage?

Sicherlich zunächst die Reduzierung von Stressfaktoren! Weiter sollten Zähne und Gebiss kontrolliert und gegebenenfalls behandelt werden.

Wenn nötig, muss eine gezielte Entwurmung durchgeführt werden.

Leichtverdauliches Futter ist angezeigt, eventuell der Zusatz von Flohsamen, Leinsamen oder Bierhefe.

Aus homöopathischer Sicht ist die konstitutionelle Behandlung langfristig am erfolgversprechendsten. Natürlich muss die in Frage kommende – ähnlichste – Arznei einen Bezug zum Darmkomplex haben. Durch eine gesamtheitliche homöopathische Behandlung ermöglichen wir Sportpferden eine bessere Reizverarbeitung auf Stress. Dadurch kann die Bereitschaft für Durchfallerkrankungen u.o. Kotwasser gemildert werden.

Futtermittelhygiene ist eine wichtige Grundlage, um den Darm des Pferdes gesund zu erhalten.

ARSENICUM ALBUM (ARS)
(Weißes Arsenik)

Diese Arznei haben wir bereits bei den Erkrankungen des Magens kennengelernt. Da aber die einzelnen Arzneimittelbilder sehr groß und umfassend sind, werden Sie feststellen, dass sich einige Mittel immer wieder bei unterschiedlichen Erkrankungen wiederfinden – vor allem die großen konstitutionellen Mittel.

So hat Arsen auch einen sehr großen Bezug zum Darm und ist ein Mittel für eher hochgradigen Durchfall mit schneller Erschöpfung, die in kaum einer Relation zur Stärke der Erkrankung zu stehen scheint. Die Pferde sind oft sehr geschwächt und können mitunter schnell abbauen.

Arsen hat großen Bezug zu Vergiftungen unterschiedlichster Art. Daher denken wir bei hochgradigem Durchfall – und dem leisesten Verdacht auf eine wie auch immer gelagerte toxische Belastung – als Ursache zunächst mal an diese Arznei.

Die Pferde haben in der Regel viel Durst und nehmen häufig kleine Schlucke Wasser auf. Ihre Ausscheidungen haben den für Arsen typischen aashaften Geruch.

Alles wird schlechter nach Mitternacht, besonders die meist ängstliche und ausgeprägte Unruhe, die die Erkrankung begleitet. Die Pferde wollen nicht gerne alleine sein und benötigen Gesellschaft.

Da die Ausscheidungen scharf sind und die Haut wund machen, kann das Fell an den Hinterbeinen ausgehen.

Pferde die Arsen benötigen, frieren und nehmen eine wärmende Decke dankbar an. Es lohnt sich auch, angewärmtes Trinkwasser anzubieten. Alle Beschwerden bessern sich durch Wärme.

Die konstitutionellen Merkmale finden Sie ausführlich beschrieben im Kapitel Erkrankungen des Magens.

PHOSPHORUS (PHOS)
(Phosphor)

Bei dem Arzneimittelbild von Phosphor erinnern wir uns an das freundliche, liebevolle Pferd, das Zuwendung gerne annimmt. Das gilt vor allem wenn diese Pferde krank sind. Die nervöse Erregbarkeit und Schwäche des Nervensystems mit Überempfindlichkeit gegenüber äußeren Eindrücken von Umgebung und Atmosphäre macht den Phosphor-Patienten anfällig für stressbedingte Durchfälle.

Wir finden im Mittelbild Magen-, Darminfektionen und viele Variationen von Durchfall. Phosphor hat auch einen großen Bezug zu Blutungen aller Art, so kann den Ausscheidungen durchaus Blut beigemengt sein. Auffällig und charakteristisch ist oftmals ein Offenstehen des Afters, aus dem der Kot unbemerkt herausfließen kann oder einfach so heraustropft. (Hiermit meine ich kein Kotwasser!).
Und sollte Ihr Pferd drohen zu dehydrieren, denken Sie – neben der tierärztlichen Versorgung – auch an Phosphor.
Die Patienten haben viel Durst auf kaltes Wasser, können das aber nicht vertragen. Bieten Sie Ihnen warmes Trinkwasser an.
Die empfindlichen und sensiblen Phosphor-Pferde erfahren grundsätzlich Besserung durch Zuwendung und Aufmerksamkeit. In gar keinem Fall mögen sie alleine sein!
Die konstitutionellen Merkmale finden Sie ausführlich beschrieben im Kapitel »Erkrankungen des Magens«.

China officinalis (Chin) (Chinarindenbaum)

Als ein Leitsymptom dieser Arznei finden wir in der Literatur die Beschreibung »Folgen von Säfteverlust«. Damit ist gemeint, dass Austrocknung und Erschöpfung als Folge von langanhaltenden Flüssigkeitsverlusten, zum Beispiel durch Durchfall auftreten kann. Ich habe bereits darauf hingewiesen, dass bei drohender Dehydrierung eine tierärztliche Behandlung wichtig ist, um den Flüssigkeitsverlust wieder auszugleichen.
Der Durchfall, zu dem China officinalis passt, ist hochgradig wässrig und kann daher zu Austrocknung und in der Folge zu Schwäche führen. In solchen Fällen kann China sehr hilfreich ein.
Die Erkrankung geht oftmals mit einem aufgeblähten Abdomen und entsprechender Flatulenz einher.
Leichte Berührung des Bauches wird nicht toleriert, fester Druck hingegen schon. Fast kann man den Eindruck gewinnen, dass dieser Druck die Beschwerden bessert.
China-Patienten haben Durst auf kaltes Wasser und reagieren sehr empfindlich auf kalte Zugluft.

Podophyllum (Podo) (Maiapfel)

Wenn Sie in der homöopathischen Arzneimittellehre unter Podophyllum nachschlagen, finden Sie immer wieder den Begriff »Hydrantenstuhl«. Was ist damit gemeint?
Patienten, die Podophyllum benötigen, leiden unter »Aufruhr des Darms«, der Stuhl schießt geradezu hinaus, reichlich und wässrig, begleitet von »lautem Kollern« im Bauch.
Die Durchfälle sind gekennzeichnet von Plötzlichkeit und häufigem Stuhldrang. Heftiges Pressen kann zu einem Vorfall des Mastdarms (Rektum) führen. Ursächlich sind oftmals Infektionen des Darms. Die Ausscheidungen selber sind übelriechend und eventuell schleimig, fast gallertartig. Alle Symptome sind schlimmer bei heißem Wetter.
Trotz der Heftigkeit, ist Durchfall von Podophyllum durch Schmerzlosigkeit gekennzeichnet.

Kolik

Jede Kolik ist ein potenzieller Notfall! Daher empfehle ich, immer sofort den Tierarzt zu verständigen!

Die Homöopathie kommt zum Einsatz, um:

- die Zeit bis der Tierarzt vor Ort ist, mit homöopathischer »Erste Hilfe« zu überbrücken.
- die schulmedizinische Therapie zu begleiten.
- möglicherweise auch im Anschluss an eine Operation, wenn die Darm- und Vitalfunktionen wieder hergestellt werden müssen.

Wenn ein Pferd immer wieder Kolik hat, lohnt sich die gesamtheitliche Sicht auf den Patienten, denn auch Kolik ist ein multifaktorielles Geschehen.

Anatomische und funktionelle Gegebenheiten im Magen-Darmtrakt des Pferdes sowie das empfindliche vegetative Nervensystem begünstigen das Entstehen von Kolik.

Ein kleiner Magen, verbunden mit dem Unvermögen zu erbrechen, einerseits und andererseits ein sehr langer, an einem weiten Gekröse aufgehängter Dünndarm, ein großvolumiger Blinddarm, schließlich das nicht fixierte große Kolon (Dickdarm) – mit bis zu 80 Liter Fassungsvermögen, begünstigen diese Erkrankung.

Der Pferdedarm ist nur an bestimmten Stellen im Bauchraum fixiert. Man kann sich leicht vorstellen, dass sich die ständig in Bewegung befindlichen Darmteile bei Störung der Darmperistaltik oder Aufgasung leicht verdrehen oder eingeklemmt werden können. So kann es zu der gefürchteten Darmverschlingung oder Darmverlagerung kommen, die ganz klar schulmedizinisch beziehungsweise chirurgisch behandelt werden muss!

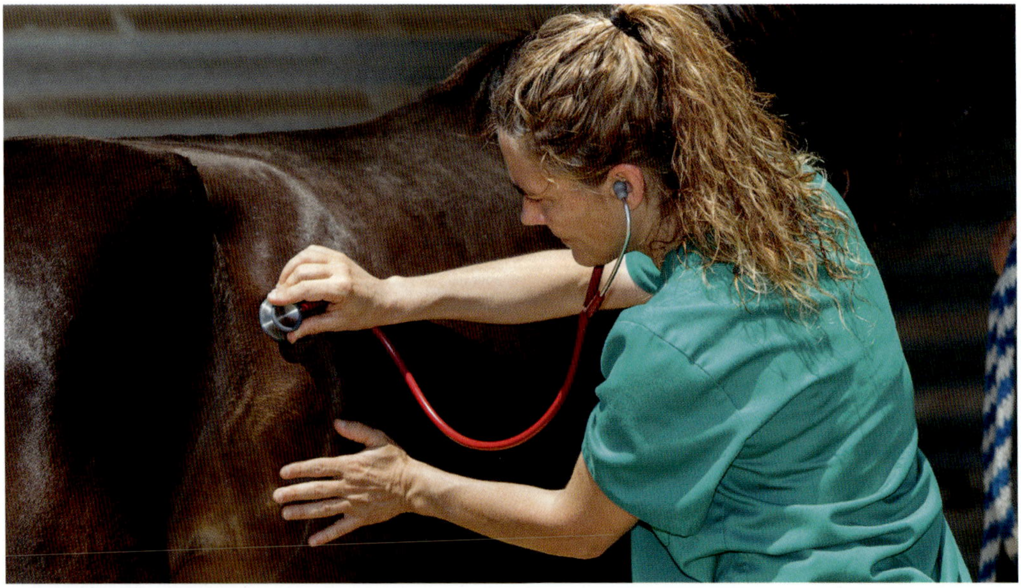

Kolik ist ein Sammelbegriff für Fehlfunktionen des Verdauungstraktes, die vielfältige Ursachen haben können.

Homöopathische Behandlungsmöglichkeiten bestehen hingegen bei Krampf,- Blähungs-, oder Verstopfungskoliken. Dennoch bleibt die Kolik des Pferdes ein Notfall und ist auch als solcher zu behandeln!

Die konservative Behandlung besteht aus schmerz- und krampflösenden Maßnahmen, Aufweichen und Entfernen von angeschoppten Futter- und Kotmassen, Stützung von Herz und Kreislauf sowie Regulation der Darmmotorik. Wenn alle homöopathischen und konservativen Maßnahmen keine schnelle Besserung bringen, muss ein chirurgischer Eingriff ins Auge gefasst werden.

Oft haben Pferde aber nur leichte Koliksymptome, die unterschiedliche Ursachen haben können. Wenn diese Beschwerden auf einem Turnier auftreten, lohnt sich zunächst mal eine homöopathische Herangehensweise, immer mit einhergehender Kontrolle aller physiologischen Parameter.

Ich habe es erfreulicherweise nun schon häufig erleben dürfen, dass die richtige – ähnlichste – Arznei sehr schnell in der Lage ist, ein solches Geschehen zu beruhigen. Die aktuell vorherrschenden Symptome sind entscheidend für die Wahl der ähnlichsten homöopathischen Arznei. Zunächst gilt es Ruhe zu bewahren und genau hinzusehen, was der Patient zeigt und unter welchen Umständen sich die Symptome verbessern oder verschlechtern.

Ich möchte noch einen weiteren Grundsatz ins Gedächtnis rufen: Die Potenz muss in angemessener Stärke zur Erkrankung ausgewählt sein. Hier sehe ich die Potenz C30 als angemessenen Einstieg an. In manchen Fällen – und wenn verfügbar – ist es aber sinnvoll, der hohen Energie einer Kolik mit einer höheren Potenz, wie zum Beispiel C200 zu begegnen.

Das hohe Energielevel der Erkrankung erfordert oft auch eine frequente Wiederholung der Arznei – durchaus alle 15 Minuten – da die Wirkung des Mittels entsprechend schnell verbraucht wird. Ebenso schnell muss sich allerdings eine Wirkung einstellen. Wenn Sie im hochakuten Stadium nach Verabreichung eines Mittels nach kurzer Zeit (max. 30 Minuten) keine Reaktion erkennen können, haben Sie nicht das richtige Mittel, oder der Patient benötigt dringend tiermedizinische Betreuung.

Noch ein Grundsatz: Nie in eine Verbesserung wiederholen! Wenn sich also die Koliksymptome nach Gabe der homöopathischen Arznei bessern, nicht weiter wiederholen, sondern erst mal sehen, wie sich die Situation entwickelt!

Sollte sich wieder eine Verschlechterung derselben Symptome ergeben, ist eine weitere Wiederholung angezeigt. Wenn sich die Symptome verändern, überprüfen Sie bitte, ob die gegebene Arznei noch die Ähnlichste ist, oder ob ein Mittelwechsel erforderlich ist.

Nutzen Sie die Zeit effektiv, bis der Tierarzt vor Ort ist!

Mögliche Ursachen:

Da die Magen-Darm-Tätigkeit vom vegetativen Nervensystem gesteuert wird, kann diese auch durch äußere Faktoren wie klimatische Bedingungen – häufig Wetterwechsel – oder psychische Stressoren negativ beeinflusst werden. Viele Pferde lassen sich durch Turnierbedingungen sehr beeindrucken und können mit Koliksymptomen reagieren.

Auch bei Kolik kommt eine Vielzahl homöopathischer Arzneien in Frage. Um genau zu sein über 300! Die aus meiner Sicht wichtigsten Mittel stelle ich Ihnen vor.

Nux vomica (Nux-v) (Brechnuss)

Nach meiner Erfahrung gehört Nux vomica zu den wichtigsten homöopathischen Kolikmitteln und sollte daher in keiner Stallapotheke fehlen.
Die Pferde neigen vermehrt zu Krämpfen. Dabei können alle Arten von Krämpfen auf Nux vomica hinweisen. Die Arznei kann bei Krampfkoliken wie auch Blähungskoliken und auch bei Verstopfung angezeigt sein.
Typisch ist die gereizte Stimmung der Pferde und die ausgeprägte Berührungsempfindlichkeit, vor allem am meist krampfartig angespannten Bauch.
Die heftigen Krämpfe können nahezu anfallsweise auftreten. Charakteristisch ist eine Art »sägebockartige« Stellung, wenn die Patienten krampfartige Schmerzen haben. Der Rücken ist dann etwas hoch gezogen und sie stehen stocksteif.
Das Abdomen kann auch aufgebläht sein und der Darm arbeitet kaum. Verstopfung (Obstipation) mit ständigem Stuhldrang findet sich häufig bei Pferden, die Nux vomica benötigen.
Manchmal habe ich auch partielles Schwitzen und auch Zittern festgestellt. Oft besteht eine große, mitunter ängstliche Unruhe. Bewegung bessert das Geschehen aber nicht, Ruhe und Wärme bekommen den Patienten dagegen gut.
Bei einem Fortschreiten der Kolik kann es zur Inkoordination der Hinterhand kommen. Wir erinnern uns an die Aussage: »Viel Aufwand mit wenig Ergebnis.« Das spiegelt sich bei den Pferden im Kotabsatz.

Modalitäten

Verschlechterung des Zustandes durch:

- Kälte und Kaltwerden, Zugluft (Das kann auch ein Wetterwechsel von warm nach kalt sein.)
- Laute Geräusche und äußere Stressoren
- Berührung – vor allem am angespannten Bauch
- In der Regel geht es den Patienten morgens schlechter.

Verbesserung stellt sich ein durch:

- Wärme (warmes Eindecken, Solarium)
- Ruhe und die Möglichkeit, sich zurückzuziehen
- In der Regel geht es den Patienten abends besser

Der Kotabsatz erfolgt – wenn überhaupt – mit großer Mühe und geht mit starkem und oft erfolglosem Pressen einher. Schließlich werden nur kleine Mengen ausgeschieden. Es besteht in der Regel anhaltender Stuhldrang.
Wie kann es zu einem Nux vomica-Zustand kommen?
Diese Pferde reagieren sehr empfindlich auf äußere Reize, so kann die Kolik durchaus eine Folge von Stress sein. Nicht alle Pferde begegnen der Turniersituation mit Ruhe und Gelassenheit, daher gehört Nux vomica ebenfalls in die Stallapotheke und ins Turniergepäck.

Belladonna (Bell)

(Tollkirsche)

Die Tollkirsche ist hochgiftig! In früheren Jahrhunderten benutzten die Frauen den Saft, um auffällige, schöne Augen zu bekommen, daher stammt der Name »bella donna« (schöne Frau).

In der Augenheilkunde wird der Inhaltsstoff Atropin zum Beispiel zur Weitstellung der Pupillen verwendet. Auffällig erweiterte Pupillen sehen wir auch beim Pferd, wenn es sich im Belladonna-Zustand befindet.

Der Belladonna-Zustand ist gekennzeichnet durch Plötzlichkeit. Alle Symptome treten plötzlich auf, heftig mit pulsierenden, intensiven Schmerzen – genauso schnell stellt sich meist auch die Wirkung ein. Ist das nicht der Fall, ist Belladonna nicht die passende Arznei! Der Puls ist hart, klopfend und beschleunigt, das Pulsieren von Arterien ist oftmals schon mit bloßem Auge sichtbar.

Trotz ihrer Giftigkeit wurde Belladonna seit jeher als Heilpflanze eingesetzt.

Modalitäten

Verschlechterung des Zustandes durch:

- Kalte Zugluft
- Berührung
- Starke Sonneneinwirkung

Verbesserung stellt sich ein durch:

- Wärme (aber in keinem Fall Hitze), wenn das Pferd friert (Schüttelfrost)
- Ansonsten vorsichtige Abkühlung
- Ruhe

Belladonna ist vor allem bei heftigen Krampfkoliken angezeigt. Die Schmerzen treten plötzlich und intensiv auf, bessern sich mitunter genauso plötzlich wie sie entstanden sind, können aber nach einer Pause wiederkehren. Es kann mitunter Fieber – auch hohes Fieber – auftreten.

Charakteristisch ist die dampfende Hitze der Patienten am ganzen Körper, die extreme Empfindlichkeit gegenüber Schmerz und äußeren Sinneseindrücken (Licht, Lärm) und die ausgeprägte Reizbarkeit. Berührung wird nicht toleriert.

Der Kopf kann heiß sein, die Beine hingegen eher kalt. Die Pferde sind sehr empfindlich gegen Kälte und suchen die Wärme. Hitze und direkte Sonnenbestrahlung wird dagegen nicht so gut vertragen.

Die Belladonna-Kolik kann durch große Hitzeeinwirkung ausgelöst werden oder durch Folgen von Aufregung und Stress.

Komplexmittel mit Augenmaß

An dieser Stelle möchte ich Sie dafür sensibilisieren, homöopathische Komplexmittel mit Augenmaß anzuwenden. In vielen dieser Zusammenmischungen von unterschiedlichen Mitteln ist Belladonna enthalten, und ich habe es schon des Öfteren erlebt, dass Pferde bei zu häufiger Gabe mit Belladonna-Symptomen reagiert haben, u.a. mit Kolik!
Auf das Thema Komplexmittel komme ich noch gesondert im weiteren Verlauf zu sprechen.

Colocynthis (Coloc)
(Koloquinte)

Auch Colocynthis ist eine homöopathische Arznei für intensive, krampfartige Schmerzanfälle, die plötzlich eintreten können und gehört zu den wichtigen Kolik- und Schmerzmitteln in der Homöopathie.
Im Colocynthis-Zustand haben die Patienten kolikartige Krämpfe in allen Hohlorganen des Bauches. Besonders betroffen sind Magen, Gallenblase, Darm und Harnleiter.
Das charakteristischste und auffälligste Symptom ist der gekrümmte Rücken und eingezogene Bauch der Patienten. Die Schmerzen scheinen durch Zusammenkrümmen gelindert zu werden.
Die Pferde zeigen eine schmerzhaft angespannte Bauchdecke und suchen erstaunlicherweise nach Möglichkeiten Druck auf den Bauch auszuüben. Auch fester Druck – durch Massage beispielsweise - scheint die Schmerzen zu lindern.
Auch Wärme tut gut. Die Pferde einzudecken oder unter das Solarium zu stellen sind Möglichkeiten, um ihre Symptome zu lindern. Bewegung bessert diese hingegen nicht.
Ähnlich wie bei Belladonna scheinen die Schmerzen geradezu anfallsartig aufzutreten und sind ebenso plötzlich verschwunden wie sie gekommen sind. Durchfall, Übelkeit und starke Ruhelosigkeit sind mögliche Begleiterscheinungen.
Die Ursachen für eine Kolik, die Colocynthis benötigt, liegen häufig im psychischen Bereich, als Folge von Ärger, Aufregung, Kränkung oder Stress beispielsweise. Bei empfindlichen Pferden reicht dazu manchmal schon der Streit mit dem unbekannten Nachbarn im Stallzelt oder die Enge auf dem Abreiteplatz.

Modalitäten

Verschlechterung des Zustandes durch:
- Bewegung
- Kaltwerden

Verbesserung stellt sich ein durch:
- Festen Druck auf den Bauch
- Zusammenkrümmen
- Wärme
- Ruhe

Opium (Op)
(Schlafmohn)

Bei einer »Opium-Kolik« ist vor allem Stille im Bauch, was aber nicht heißt, dass diese Kolik harmlos ist. Opium-Patienten leiden unter schweren bis schwersten Verstopfungskoliken. Ihr Darm ist träge bis regungslos, sämtliche Darmtätigkeit scheint erloschen.

Obwohl die Pferde Schmerzen haben müssten, sind die Beschwerden, die Opium benötigen, gekennzeichnet durch auffällige Schmerzlosigkeit von im Grunde schmerzhaften Zuständen. Die Patienten scheinen fast ohne Empfindungen und nehmen schläfrig und träge keinen oder nur geringen Anteil an ihrer Umgebung. Normale unwillkürliche Reflexe sind bei Opium herabgesetzt und sämtliche Muskeln scheinen erschlafft.

Die Pferde haben trotz schwerer Verstopfung keinen Stuhldrang. Wenn Kot unter Mühen ausgeschieden wird, ist dieser sehr hart und dunkel. Darmuntätigkeit durch Darmlähmung gehören in das Arzneimittelbild von Opium. Der reduzierte Zustand kann von wachen Sequenzen mit geradezu überempfindlichen Reaktionen unterbrochen sein. Häufig schwitzen die Tiere, sind aber dennoch empfindlich gegen kalte Luft.

Wodurch entstehen »Opium-Koliken«? Ein Opium-Zustand kann durch intensive Emotionen ausgelöst werden, wie: Angst, Schreck, Panik oder plötzliche übermäßige Freude, die nicht adäquat verarbeitet werden kann.

Modalitäten

Verschlechterung des Zustandes durch:
- Intensive Sonneneinwirkung
- Heißes Wetter
- Überhitzung

Verbesserung stellt sich ein durch:
- Frische Luft
- Wärmeanwendungen

Schlafmohn liefert sowohl ein wertvolles Öl als auch das in der Pharmazie genutzte namensgebende Opium.

Pulsatilla (Puls)
Küchenschelle

Auch Pulsatilla ist eins der großen konstitutionellen Mittel und hat unter anderem großen Bezug zur Kolik.
Ich lese immer mal wieder, dass Pulsatilla ein weibliches Mittel sei. Durch die Affinität zum weiblichen Hormonsystem und den Beschwerden »rund um das Mutter sein«, hat das eine gewisse Berechtigung, trifft aber bei Kolik in keinem Fall zu!
Pulsatilla gehört zu der Familie der Anemonen und blüht im April, der ja häufig durch Wetterkapriolen gekennzeichnet ist. Und hier zeigen sich schon erste Symptome aus dem Mittelbild: Pulsatilla-Pferde gelten als überaus wechselhaft. Diese Widersprüchlichkeit kann sich sowohl auf mentaler wie auf körperlicher Ebene zeigen.

Pulsatilla-Patienten genießen Streicheleinheiten.

Modalitäten

Verschlechterung des Zustandes durch:
- Heißes Wetter
- Wetterwechsel von Kalt nach Warm
- (Boxen-) Ruhe
- Zu reichhaltiges Futter

Verbesserung stellt sich ein durch:
- Langsame Bewegung
- Frische Luft
- Kalte Anwendungen
- Zuwendung

Normalerweise zählt der April noch nicht zu den heißen Monaten im Jahr, und auch die Pulsatilla-Patienten lieben eher die frische Luft. Alles wird schlimmer bei warmem Wetter – das ist ein Leitsymptom von Pulsatilla! Die Küchenschelle gedeiht bevorzugt auf eher trockenem Boden. Dieses Phänomen zeigt sich bei den Patienten durch eine erstaunliche Durstlosigkeit, die typisch für Pulsatilla ist. Ich kenne viele Pferde, die auf Turnieren ungern oder wenig trinken. Das muss nicht, kann aber eine Verstopfungskolik begünstigen. Wenn langsame Bewegung an frischer Luft Koliksymptome bessert, denken Sie bitte an Pulsatilla!

Wirkspektrum:
- Primäre Magenüberladung (Überfressen)
- Krampfkolik
- Verstopfungskolik, evtl. durch zu wenig Trinken

Die hübsche Pulsatilla gehört zur Familie der Anemonen und ist in Europa heimisch.

Besondere Indikation:
Das Pulsatilla-Pferd kommt meistens sehr liebenswürdig daher, ein wenig schüchtern vielleicht, mit nachgiebigem Temperament und eher rangniedrig. Es erwidert Zuwendung dankbar, genießt Streicheleinheiten, und sucht körperliche Nähe.
Körperliche- und Gemütssymptome können so wechselhaft sein wie Aprilwetter. So kann der Kotabsatz von Mal zu Mal unterschiedlich sein oder die Laune ständig wechseln.
Da Fressen eine wichtige Rolle im Leben eines Pulsatilla-Pferdes spielt, ist die körperliche Konstitution eher rund und gemütlich. Sportliche Höchstleistungen passen eher nicht zu diesen Pferden, was aber nicht heißt, dass Pulsatilla im Akutfall – wie einer Kolik – nicht die ähnlichste Arznei für einen Leistungssportler sein kann! Eine leichte Dressurprüfung meistert sicher auch das Pferd vom Konstitutionstyp Pulsatilla. Diese Pferde wollen alles richtig machen und ein Lob für gelungene Lektionen nehmen sie dankbar entgegen. Sie sind sehr empfänglich für Zuspruch, man darf sie eben nicht überfordern. Reiten Sie möglichst viel draußen an frischer Luft – Pulsatilla wird es Ihnen danken.
Die meisten Pulsatilla-Erkrankungen werden durch warmes Wetter oder den Wetterwechsel von Kalt nach Warm hervorgerufen. Die Patienten verlangen dann nach frischer Luft, am liebsten verbunden mit langsamer Bewegung.
So ist es auch bei einer Kolik. Wenn sich Koliksymptome bessern, während Sie Ihr Pferd langsam im Schritt an frischer Luft führen, denken Sie an Pulsatilla!

Lycopodium clavatum (Lyc) (Keulenbärlapp)

Etwas ausführlicher und auch unter konstitutionellen Gesichtspunkten habe ich Lycopodium bereits bei den Erkrankungen des Magens vorgestellt. Die Arznei hat aber auch eine große Wirkung bei Kolik. Hier sind es häufig wiederkehrende Koliken, also eine eher chronische Bereitschaft des Pferdes, immer wieder Koliksymptome zu entwickeln. Oft ist die Ursache stressbedingt, Lycopodium-Pferde leiden sehr unter Erwartungsangst.
Im Arzneimittelbild finden wir Krampfkoliken oder Verstopfungskoliken.
In den meisten Fällen gehen die Beschwerden mit zusätzlicher Gasbildung einher. Diese Blähungsbereitschaft – »das aufgeblasene Gehabe«, das für viele Lycpodium Patienten typisch ist – zeigt sich hier auch auf der körperlichen Ebene.
Ausgeprägte Flatulenz ist häufig damit verbunden und bei Blähungsabgang bessern sich meist auch die Symptome. Bewegung kann dies begünstigen. Durch die Aufgasung ist das Abdomen angespannt und berührungsempfindlich. Die Symptome verschlechtern sich meist gegen Abend und sind morgens besser.

Das nachfolgende Fallbeispiel habe ich nach den Grundsätzen der homöopathischen Anamnese von Christiane P. Krüger, eine der bekanntesten Tierhomöopathinnen im deutschsprachigen Raum, aufgebaut. So können Sie einen Eindruck gewinnen, worauf es hierbei ankommt.

Modalitäten

Verschlechterung des Zustandes durch:
- Leistungsstress
- Aufregung
- Erwartungsangst
- Verschlimmerung zwischen 16.00 und 20.00 Uhr
- Warme, stickige Luft im Stall
- Nasses Wetter
- Kaltwerden

Verbesserung stellt sich ein durch:
- Bewegung
- Blähungsabgang

Lycopodium clavatum ist ein wichtiges Mittel in der klassischen Homöopathie und wird unter anderem bei akuten Problemen im Verdauungstrakt eingesetzt.

FALLBEISPIEL

Symptome: Wiederkehrende Kolik, Aufgasung, Läsionen der Magenschleimhaut

WER ist der Patient?
Der Wallach ist vor einigen Wochen bereits wegen Kolik operiert worden – Darmverlagerung. Der Bauch ist sehr aufgebläht. Wenn dieser dünn ist, sieht man erst wie abgemagert das Pferd ist.
Er macht einen sehr ruhigen, trägen Eindruck.
Er ist seit langer Zeit Kopper.
Er möchte am liebsten seine Ruhe haben und verhält sich anderen Pferden gegenüber ungehalten, hat das Pferd in der Box nebenan drangsaliert.
Er wird als intelligentes Pferd beschrieben.

WAS ist das zu Behandelnde?
Wiederkehrende Aufgasung, Magenschleimhautentzündung.

WO ist die Erkrankung lokalisiert?
Vor allem die linke Bauchseite bläht auf.

WIE äußert sich die Erkrankung?
Die Symptome beginnen vor allem gegen Abend. Schlimmer ist es im Winter. Es erfolgt kein eigenständiger Blähungsabgang, das klappt besser, wenn er sich bewegt. Er muss auffällig oft Wasserlassen und ist sehr träge.

WARUM ist die Erkrankung entstanden?
Das ist nicht bekannt. Eventuell besteht eine Empfindlichkeit, wenn das Heu nicht bester Qualität ist, aber das ist eine Vermutung! Auch Stress kann nicht ausgeschlossen werden, hierfür spricht die zusätzliche Entzündung der Magenschleimhaut und die immer widerkehrenden Koliksymptome.

WANN (unter welchen Umständen) gibt es eine Verbesserung oder eine Verschlechterung?
Leichte Verbesserung durch Bewegung, verbunden mit Blähungsabgang.
Eher schlechter gegen Abend. Bei Wetterumschwung von kalt nach warm ist es eher schlechter.

WAS NOCH?
Vor der ersten Kolik ist er geimpft worden, hatte aber vermutlich bereits einen Infekt im Körper. In der Folge hat er Fieber bekommen. Eine Woche später bekam er die Kolik (das kann auch Zufall sein!). Er reagiert sehr empfindlich auf Medikamente.

Homöopathische Behandlung

1. Verordnung: Nux vomica C30
Hauptindikation für die Verschreibung sind die vielen Medikamente, die das Pferd bekommen hat.
Nux vomica kann den Organismus wieder in einen reaktionsfähigen Modus versetzen, sodass Folgearzneien besser wirken.
Am Tag nach der Gabe war das Pferd richtig fit! Das legte sich dann aber wieder.

2. Verordnung: Lycopodium C30
(Wasserauflösung mit 1 Kügelchen)
Am Tag nach der Gabe war der Wallach unfassbar müde. Er hatte verstärkt Darmgeräusche, konnte eigenständig Luft ablassen und war nicht mehr so aufgebläht.
Einen weiteren Tag ist er immer noch müde, aber so dünn wie schon lange nicht mehr. Wenige Tage weiter bläht er wieder auf.

Wiederholung Lycopodium C30 aus dem 3. Glas! Die Gabe verbessert den Zustand, er ist munterer und bläht nicht so auf, Luft kann er ablassen. Das hält ungefähr eine Woche, danach braucht er wieder eine Gabe!
Der Magen sieht auch besser aus, die Läsionen heilen ab.
Der Patient hatte auf die erste Gabe Lycopodium aus dem 1. Glas (1 Kügelchen in ca. 200 ml Wasser aufgelöst und 1–2 ml ins Maul verabreicht) sehr empfindlich und mit großer Müdigkeit reagiert. Um diese »Überforderung« zu vermeiden, wurden die weiteren Gaben stärker verdünnt (3. Glas). Hierbei wird 1 Teelöffel (Plastik) aus dem 1. Glas in ein weiteres Glas gegeben und dieses wieder mit Wasser aufgefüllt (2. Glas). Hieraus wird wieder ein Teelöffel entnommen in ein weiteres Glas und dieses wie gehabt mit Wasser aufgefüllt (3. Glas). Hieraus enthält der Patient 1–2 ml ins Maul.
Die Gabe ist für dieses sehr empfindlich reagierende Pferd die passende Dosis!
In der Folge hat der Wallach immer mal wieder nach Bedarf eine Gabe Lycopodium bekommen und konnte damit sehr gut stabilisiert werden.

Lycopodium clavatum

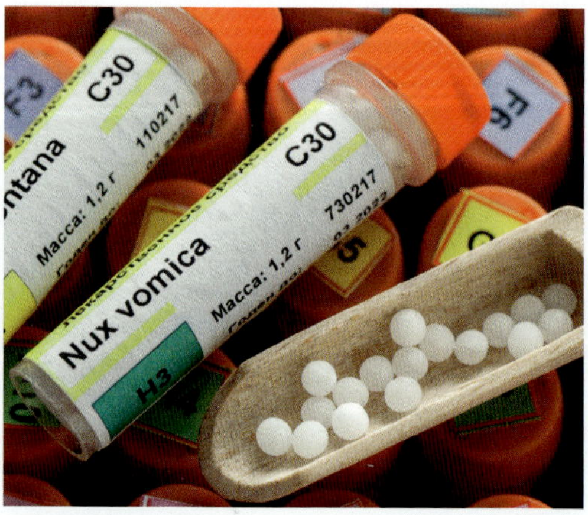

Nux vomica

FALLBEISPIEL

Symptome: Starke Unruhe, wiederholtes Wälzen, Schwitzen

Patient: 15-jähriger Wallach, Springpferd

An einem Sonntagabend im Stall bemerke ich die starke Unruhe des Pferdes. Der Wallach beginnt sich hinzulegen, wälzt sich, steht wieder auf, ist schnell auch geschwitzt, legt sich wieder, steht auf – Kolik!
Der Tierarzt ist bei einem weiter entfernten Notfall.
Ich hole den Wallach aus der Box, decke ihn ein und führe ihn im Schritt. Er hat Schmerzen, atmet mit weiten Nüstern, die Frequenz von Atmung und Puls ist stark erhöht, Darmgeräusche sind kaum wahrnehmbar. Er macht einen fast apathischen Eindruck, will sich auch zu Beginn des Führens gerne hinlegen. Hier ist Handlungsbedarf!
Zunächst bekommt das Pferd alle 10 Minuten eine Gabe Nux vomica C30.
Atmung und Puls beruhigen sich daraufhin ein wenig, aber die Bauchschmerzen halten an. Ich habe den Eindruck, dass dem Pferd langsames Führen gut tut. Immer, wenn wir anhalten, um die Werte zu kontrollieren, zeigt er wieder Schmerzsymptome.
Das Pferd bekommt Pulsatilla – Leitsymptom: Langsames Gehen an frischer Luft verbessert!
Und das tat es dann auch. Der Gesichtsausdruck entspannte sich und der Wallach schaute bald wacher. Langsam normalisierten sich auch Puls und Atmung. Die Darmperistaltik war wieder hörbar und das Schwitzen hörte auf. Das Fell trocknete.
Nach eineinhalb Stunden ist der Tierarzt da. Zu diesem Zeitpunkt ist der Zustand des Pferdes schon deutlich besser.
Die Homöopathie hat in diesem Fall quasi erste Hilfe geleistet. Das Pferd wird gründlich untersucht. Zur Vorsicht spritzt der Tierarzt noch ein krampflösendes Medikament. Am nächsten Tag ist der Wallach wieder der Alte.

Atemwegserkrankungen

Ein weiterer Schwerpunkt von Erkrankungen beim Sportpferd ist der Atemapparat. Erkrankungen der Atemwege gehören neben den Erkrankungen des Bewegungsapparates zu den häufigsten Beschwerden der Pferde.
Der Atmungstrakt besteht aus den oberen Atemwegen, zu denen die Nüstern, Nasengänge, Nasenhöhlen, Luftsäcke, Rachen, Kehlkopf und die Luftröhre gehören und den unteren Atemwegen mit den Bronchien sowie dem Lungengewebe.

Die Atmungsorgane haben die Aufgabe, den Gasaustausch zwischen Blut und Luft zu ermöglichen. Vereinfacht gesagt, den Körper mit Sauerstoff zu versorgen.
Sportpferde werden häufig transportiert, sind oft in fremder Umgebung und kommen auf den Turnieren mit vielen fremden Pferden in Kontakt. Dadurch kann der Infektionsdruck steigen. Akute Atemwegserkrankungen werden meist durch Viren verursacht.
Auch bei chronischen Atemwegserkrankungen kann die Stärkung der Immunant-

Gesunde Atemwege sorgen dafür, dass der Organismus ausreichend mit Sauerstoff versorgt wird und das durch den Stoffwechsel anfallende Kohlendioxid ausgeatmet werden kann.

wort, die durch Homöopathie ermöglicht wird, helfen, eine langfristige Verbesserung der Beschwerden zu erreichen.
Wesentlich zum Therapie-Erfolg trägt das Management der Patienten bei! Das heißt, erkrankte Pferde müssen in staubarmer Umgebung untergebracht werden, möglichst staubarmes Futter bekommen und viel frische Luft.
Staubpartikel von Heu und Stroh sowie Schimmelpilze reizen die empfindliche Pferdelunge. Späneeinstreu und nasses Heu sind gute Maßnahmen zur Staubreduzierung im Stall und tragen in den meisten Fällen zur Linderung der Beschwerden bei.
Allerdings nutzt das wenig, wenn in unmittelbarer Umgebung des Patienten weiterhin regelmäßig Heu und Stroh aufgeschüttelt werden!
Für den Übergang in die Chronizität spielen vor allem mangelhafte Umgebungsverhältnisse oder eine ungenügende Rekonvaleszenz nach einer akuten Erkrankung die Hauptrolle.
Dem Pferd mit seinem hochentwickelten und empfindlichen Atmungs-, Bewegungs- und Verdauungsapparat muss nicht nur eine artgerechte Haltung, sondern auch entsprechendes Training ermöglicht werden.
Pferde sind Fluchttiere und damit in erster Linie auf Laufen ausgerichtet. Daher wirkt sich sinnvolles Training ebenfalls positiv auf den Atemapparat aus. Ein Pferd in guter physischer Verfassung ist für Krankheiten weniger anfällig und erholt sich entsprechend schneller.
Von Sportpferden wird physisch und psychisch Höchstleistung verlangt. Nur wenn Pferde auch in höherem Tempo galoppieren, können die Atmungsorgane ausreichend ventilieren, denn das Lungenvolumen wird erst bei Höchstleistung vollständig genutzt. Ein trainierter Organismus ist daher die beste Prophylaxe.
Die klassische tiermedizinische Behandlung sieht je nach Ausprägung der Erkrankung in der Regel den Einsatz von Antibiotika, Entzündungshemmern, Kortison sowie schleimlösenden und bronchienerweiternden Medikamenten vor.
Für die homöopathische Behandlung ist es essentiell, die Symptome genau zu beobachten und hilfreich für die Mittelwahl, den Auslöser für die Erkrankung zu kennen!
Ich möchte hier nochmal die »W-Fragen« aus der homöopathischen Anamnese (Christiane P. Krüger) in Erinnerung rufen: **Wer** ist der Patient? **Was** ist das zu Behandelnde? **Wo** ist die Erkrankung lokalisiert? Obere Luftwege oder untere Luftwege? Wenn das Pferd verschleimt ist, wo sitzt der Schleim? **Wie** äußert sich die Erkrankung? Hat das Pferd Fieber? Gibt es Nasenausfluss und wie sieht dieser aus? Kommt der aus beiden Nüstern oder nur aus einer? Sind die Lymphknoten geschwollen? Wie klingt der Husten? Trocken oder feucht, oberflächlich oder aus der Tiefe kommend? Ist das Pferd verschleimt und wie sieht der Schleim aus? **Warum** ist die Erkrankung entstanden? Kennen wir den Auslöser? **Wann** (unter welchen Umständen) verbessert oder verschlechtert sich die Erkrankung? Welchen Einfluss haben Wärme oder Kälte auf die gezeigten Symptome? Und bessert oder verschlechtert Bewegung die Symptomatik?

Akute Atemwegsinfekte

Auf Turnieren ist der Infektionsdruck durch das Zusammenkommen vieler Pferde sicher erhöht und ein plötzlicher, akuter Infekt kann sich schneller verbreiten.
Husten kann ein Symptom für eine Erkrankung der Atemwege sein und ist immer ein Zeichen dafür, dass etwas nicht stimmt. Ein plötzlicher, akuter Infekt ist häufig auch von Fieber und geschwollenen Lymphknoten begleitet.
Akut erkrankte Pferde benötigen Ruhe und frische Luft. Ein einwandfreies Stallklima mit staubarmer Einstreu und Fütterung sind wichtige Voraussetzungen für die Genesung.
Für die homöopathische Unterstützung möchte ich Ihnen nachfolgende Arzneien vorstellen.

Der Eisenhut gilt als Europas giftigste Pflanze – 3 mg sind für ein Pferd bereits tödlich!

Aconitum (Acon)

(Bauer Eisenhut)

Aconitum ist ein kurz wirkendes Mittel und für beginnende akute Zustände eine wichtige Arznei. Aconitum-Zustände entstehen nie langsam, das sind heftige und plötzlich beginnende Infekte. Oft, nachdem die Pferde eisigem Wind oder kalter Zugluft ausgesetzt waren. Oder die Patienten haben eiskalte Luft eingeatmet, eventuell unter starker Belastung, wie zum Beispiel beim Galopptraining.
Ein typisches Szenario ist ein Infekt nach Kälteeinbruch oder, wenn das Pferd geschwitzt im eisigen Wind stand oder kalter Zugluft ausgesetzt war, das kann auch im Pferdehänger der Fall sein.
Die Aconitum-Erkrankung kann durchaus auch von hohem Fieber begleitet sein. Plötzlicher heftiger Husten, eventuell Schüttelfrost, aber auch ein heißer, dennoch meist trockener Körper sind weitere Symptome auf der körperlichen Ebene.

Modalitäten

Verschlechterung des Zustandes durch:

- Trockenen kalten Wind
- Trockene kalte Luft
- Unruhige Umgebung

Verbesserung stellt sich ein durch:

- Wärme
- Ruhe

Angst spielt bei Aconitum eine große Rolle. Die Patienten sind meist unruhig, schreckhaft und ängstlich, manchmal sogar panisch.

Wirkspektrum:
- Folgen von Kaltwerden
- Plötzliches hohes Fieber
- Plötzlicher heftiger Husten
- Entzündung von Kehlkopf, Bronchien und Lunge
- Angst und Schreckhaftigkeit

Belladonna (Bell)

Tollkirsche

Belladonna hat auf den ersten Blick große Ähnlichkeit mit Aconitum, weil die Beschwerden ebenfalls sehr plötzlich und heftig auftreten, aber es fehlen die für Aconitum so typische Angst und die Unruhe.

Modalitäten

Verschlechterung des Zustandes durch:
- Kalte Zugluft
- Berührung
- Starke Sonneneinwirkung

Verbesserung stellt sich ein durch:
- Wärme (aber in keinem Fall Hitze) wenn das Pferd friert (Schüttelfrost)
- Ansonsten vorsichtige Abkühlung
- Ruhe

Auch Belladonna ist eine Arznei für hochakute Zustände und wenn angezeigt (am ähnlichsten), werden Sie die Wirkung sehr schnell feststellen können. Wenn keine prompte Reaktion kommt, ist Belladonna nicht das richtige Mittel.
Charakteristisch ist der plötzliche Beginn heftiger fiebriger Atemwegserkrankungen.
Die Pferde haben meist einen heißen, schwitzigen Körper und einen deutlichen harten, pochenden Puls.
Auffällig ist die oftmals deutliche Erweiterung der Pupillen.
Die Patienten können durchaus reizbar und überempfindlich für alle Sinneseindrücke sein.

Wirkspektrum:
- Entzündungen der Atemwege
- Plötzliches hohes Fieber

Belladonna gehört zu den Nachtschattengewächsen. Zur Herstellung der homöopathischen Arznei wird die ganze Pflanze zur Blütezeit verwendet.

Nux vomica (Nux-v)
(Brechnuss)

Nux vomica kennen wir bereits als großes Mittel für den Verdauungsapparat, es ist aber auch eine Arznei für das erste Stadium einer Erkältung oder wenn generelle Erkältungsneigung besteht.
Die Pferde haben Schnupfen, sodass die Nase läuft mit schleimig, wässrigem Ausfluss.
Husten kann heftig und anfallsweise auftreten und ist am Morgen schlimmer. Die Pferde sind auch empfindlich gegen kalte, frische Luft, vor allem Zugluft.
Bewegung verschlechtert den Zustand. Die Pferde reagieren ablehnend und mürrisch und möchten nicht berührt werden.
Nux vomica kann sowohl für akute wie auch allergisch bedingte Zustände eine gut passende homöopathische Arznei sein. Wenn eine Atemwegserkrankung einen toxischen Hintergrund hat, muss man immer an Nux vomica denken!

Modalitäten

Verschlechterung des Zustandes durch:
- Kälte und Kaltwerden, Zugluft (Das kann auch ein Wetterwechsel von warm nach kalt sein.)
- Laute Geräusche und äußere Stressoren
- Berührung
- Meistens geht es den Patienten morgens schlechter

Verbesserung stellt sich ein durch:
- Wärme, z.B. warmes Eindecken oder Solarium
- Ruhe und die Möglichkeit sich zurückzuziehen
- Meistens geht es den Patienten abends besser

Das passt zu Nux vomica: Die Pferde sind empfindlich gegenüber Kälte.

Ferrum phosphoricum (Ferr-p) (Phosphorsaures Eisen)

Pferde, die Ferrum phosphoricum benötigen, sind empfindlich gegen kalte Luft und erkälten sich schnell. Es ist eine Arznei für das frühe, akute Stadium fiebriger Erkrankungen und Entzündungen, vor allem wenn die Symptomatik noch nicht so klar ist, aber mitunter hohes Fieber besteht.
Ferrum phosphoricum wirkt auf den venösen Blutkreislauf, daher kann der Infekt auch von Nasenbluten begleitet sein.
Im Gegensatz zu Belladonna ist der Puls eher weich und fließend. Husten tritt schmerzhaft und krampfhaft auf und ist schlimmer am Morgen und am Abend. Auch hier verschlechtert Bewegung die Symptomatik eher.

Modalitäten

Verschlechterung des Zustandes durch:
- Kalte, frische Luft
- Bewegung
- Anstrengung

Verbesserung stellt sich ein durch:
- Kaltes Trinkwasser
- Ruhe
- Langsame Bewegung

Ferrum phosphoricum: empfindlich gegen kalte Luft.

Ferrum phosphoricum bei fiebrigen Infekten.

Erkrankungen der oberen Atemwege

Wie bereits erwähnt, bestehen die oberen Atemwege aus Nüstern, Nasengängen, Nasenhöhlen, Luftsäcken, Rachen, Kehlkopf und der Luftröhre.

Bei beginnenden Atemwegsinfekten können Sie zunächst überprüfen, ob eine der vorgestellten Arzneien für akute Erkrankungen der Atemwege dem Zustand Ihres Pferdes ähnlich ist.

Eine Erkrankung der oberen Atemwege zeigt sich häufig in Form einer Leistungsinsuffizienz, vermehrten Atemgeräuschen oder sogar Atemnot, Absonderungen aus den Nüstern, Schnupfen und Husten.

Beim Reiten kostet jede Verengung im Kehlkopf das Pferd Atemluft und damit Leistungsvermögen, weil es zu einer Verringerung des Sauerstoffangebotes kommt.

Schon bei normaler Anlehnung verengt sich der Rachenraum spürbar. Das Ausmaß der Leistungsminderung ist dann von dem Grad der Verengung (Obstruktion) abhängig. Nach einer Veröffentlichung der Veterinärmedizinischen Universität Wien, sind bei einer Leistungsinsuffizienz der Sportpferde zu 47 % –49 % die oberen Luftwege ursächlich! Herz- Kreislauferkrankungen folgen mit nur 22,3 %.

Hyperflexion behindert Atemwege

Einer Studie der Freien Universität Berlin zufolge wird beispielsweise bei der Hyperflexion (Rollkur) durch die Kompression des Kehlkopfes die Funktion der oberen Atemwege eingeschränkt und der Luftstrom dadurch deutlich vermindert.

Es wurde in der Studie eine Einengung der Atemwegsdurchmesser bis zu 20 % und ein damit verbundenes erhöhtes Stresslevel gemessen!

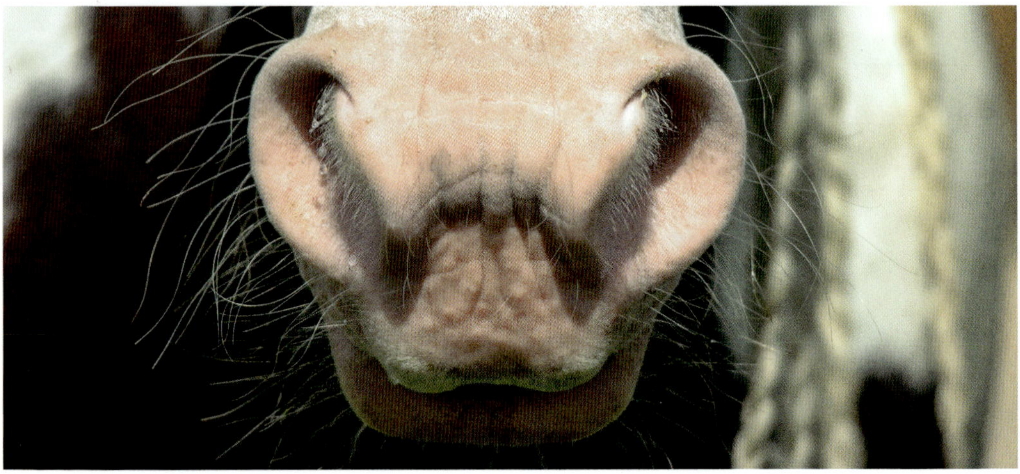

In Ruhe sind die Nüstern normalerweise spaltenförmig. Aufgeblähte Nüstern können ein Zeichen für Atemnot ein.

DULCAMARA (DULC)
(Bittersüßer Nachtschatten)

Dulcamara ist ein eher kleines Mittel mit einem sehr spezifischen Wirkspektrum. Es findet Anwendung bei nahezu allen Beschwerden, die durch nasskalte Luft oder Umgebung, wie zum Beispiel ein feuchter Stall und durch Nass-, Kaltwerden nach Erhitzung ausgelöst werden.
Der Herbst mit nasskaltem Wetter ist typisch für das Entstehen von Dulcamara-Erkrankungen.
Dulcamara eignet sich bei Schleimhautentzündungen, vor allem der Atmungsorgane, wenn diese durch nasskaltes Wetter oder durch Nass-, Kaltwerden nach Erhitzung entstanden sind. Hier haben wir einen eindeutigen Bezug zur Causa, also der Ursache für die Erkrankung.
Durch kaltes Regenwetter verursachter Schnupfen und schmerzhafter Husten, dicke gelbe schleimige Absonderungen aus den Nüstern sowie Schleimsekretion in Kehlkopf und Luftröhre können die Folge sein.
In der Materia medica von K.C. Bhanja, die ich sehr schätze, fand ich den Satz: »Grundsätzlich verlangt jeder katarrhalische Zustand, der mit starker Schleimsekretion einhergeht und durch Aufenthalt in nasskaltem Wetter ausgelöst wurde, nach Dulcamara!«
Dem ist kaum etwas hinzuzufügen, gilt es doch gleichermaßen für tierische Patienten. Wenn Sie mit Ihrem Pferd in kaltes Regenwetter geraten – Turniere finden nun mal überwiegend im Freien statt – und sich im Anschluss eine Erkrankung der oberen Atemwege einstellt, denken Sie doch mal an eine Behandlung mit Dulcamara.
Ich möchte ergänzend noch erwähnen, dass im Mittelbild von Dulcamara auffallend häufig begleitend zur Atemwegserkrankung Hautausschläge – zum Beispiel in Form von Mauke – genannt werden.

Dulcamara diente schon im alten Rom als Heilpflanze.

Modalitäten

Verschlechterung des Zustandes durch:
- Nasskaltes Wetter
- Nass-, Kaltwerden
- Abkühlung nach Erhitzung

Verbesserung stellt sich ein durch:
- Wärme
- Trockenes Wetter

Hepar sulphuris (Hep)
Kalk-Schwefelleber

Wir erinnern uns an den großen Bezug dieser Arznei zu akuten Entzündungen und Eiterungen aller Art, vor allem im frühen Stadium. Es gibt aber darüber hinaus einen großen Bezug zu den oberen Luftwegen.
Der Hepar sulphuris-Patient ist berührungsempfindlich, schlecht gelaunt und extrem empfindlich gegen kalte Luft. Entzündete Körperregionen scheinen sehr schmerzhaft zu sein, deshalb wird Berührung nicht toleriert.
Charakteristisch ist der üble Geruch aller Absonderungen nach altem Käse. Sind diese sehr zähflüssig, helfen eher tiefe Potenzen (C12 oder C30) beim Abfluss. Hohe Potenzen (C200 und höher) unterstützen die Resorption.
Hepar sulphuris ist bewährt bei Entzündungen und Schwellungen in Rachen, Luftsack, Kehlkopf und Nasennebenhöhlen. Die Atmung kann pfeifend und rasselnd sein, wenn Husten auftritt, ist der rau, bellend und scheint zu schmerzen.

Modalitäten

Verschlechterung des Zustandes durch:
- Kalte Luft, vor allem Zugluft
- Kalte äußere Anwendungen
- Berührung

Verbesserung stellt sich ein durch:
- Wärme, warmes Eindecken
- Ruhe

Die großen konstitutionellen Arzneien mit ihrem breiten Anwendungsspektrum haben meist einen Bezug zu den oberen und zu den unteren Atemwegserkrankungen und sollen im nächsten Abschnitt gewürdigt werden.

Erkrankung der unteren Atemwege

Zu den unteren Atemwegen gehören Bronchien, Lungenbläschen und das Lungengewebe selbst.
Bei einer Erkrankung der unteren Atemwege hat der Organismus Probleme mit der Sauerstoffversorgung, weil Sauerstoff nicht effektiv von der Lunge ins Blut abgegeben werden kann. In diesem Fall ist also die Lungenfunktion eingeschränkt, eine erschwerte Atmung ist neben Husten das wichtigste Anzeichen für den erschwerten Gasaustausch.
Äußerlich sichtbar ist das beispielsweise durch auffallend weitgestellte Nüstern oder stärkere Bewegungen des Brustkorbes und Abdomens während der Ein- oder Ausatmung.
Erkrankungen der tiefen Atemwege haben häufig infektiöse Ursachen wie Bakterien, Viren oder Pilze, oder entstehen (seltener) durch wandernde Parasiten oder Fremdkörper, die in die Lunge geraten. Oft besteht auch eine Überempfindlichkeit auf Allergene, Staub und andere Schadstoffe, die das Immunsystem schwächen und die Pferde anfällig für Erkrankungen werden lassen. Durch Frieren erkranken Pferde in aller Regel nicht an den Atemwegen!
Als Symptome beobachtet man oft Kurzatmigkeit und damit einhergehende Leistungseinbuße, Husten und Nasenausfluss. Im Grunde sind es ähnliche Ausprägungen wie bei

einer Erkrankung der oberen Atemwege. Hier lohnt es sich, durch professionelle Diagnostik der Ursache auf den Grund zu gehen. Für die Auswahl der ähnlichsten Arznei sind die Symptome entscheidend. In der Repertorium-Rubrik Entzündung der Bronchien sind 175 unterschiedliche Mittel zur Therapie aufgeführt. Bei Entzündung der Lungen sind es immerhin noch 134! Die rot dargestellten Mittel entsprechen hier der höchsten Wertigkeit, haben also den größten Bezug zur Erkrankung.

Brust - Entzündung - Bronchien: (175) *Acet-ac.* *Acon.* **AESC.** aether *All-c.* all-s. aloe *Alum.* alum-p. alum-sil. *Alumn.* am-c. am-i. *Am-m.* am-p. ammc. *Ant-c.* ant-i. ant-s-aur. **ANT-T.** *Apis* *Arn.* **ARS.** ars-i. asc-c. *Asc-t.* *Aur-m.* bac. bacls-7. bals-p. bar-c. bar-i. **BAR-M.** bar-s. *Bell.* bell-p. *Benz-ac.* blatta-o. brom. **BRY.** *Cact.* cadm-met. *Calc.* calc-i. calc-p. calc-sil. *Camph.* *Cann-s.* cann-xyz. caps. Carb-v. Carbn-s. carc. card-m. *Caust.* *Cham.* *Chel.* chin. chlol. chlor. *Cina* *Cist.* *Coc-c.* colch. *Con.* cop. dig. diphtox. **DROS.** *Dulc.* erio. eucal. eup-per. euphr. ferr. *Ferr-i.* **FERR-P.** *Gels.* grin. *Guaj.* hed. **HEP.** hepat. *Hippoz.* hist. hydr. *Hyos.* hyss-o. iber. ign. influ. inul. *Iod.* **IP.** jab. *kali-ar.* *Kali-bi.* *Kali-c.* *Kali-chl.* kali-m. kali-n. kali-p. kali-sil. *Kreos.* *Lach.* led. linu-c. *Lob.* **LYC.** mag-c. malar. mang. *Merc.* morg-p. mucot. *Naja* naphtin. narc-ps. nat-c. *Nat-m.* **NAT-S.** *Nit-ac.* *Nux-v.* oci-sa. oscilloc. osm. parathyr. pert. petr. *Ph-ac.* phel. **PHOS.** pin-s. pix *Plb.* pneu. podo. *Psor.* pulm-v. **PULS.** *Rhus-t.* *Rumx.* sabad. sabal **SANG.** sangin-n. sec. **SENEC.** *Seneg.* *Sep.* **SIL.** silphu. *Spig.* **SPONG.** *Squil.* **STANN.** staph. stict. stram. succ-ac. sul-i. *Sulph.* syc. *Ter.* thuj. tub. tub-a. *Tub-d.* tub-m. uran-n. *Urin.* *Verat.* verb. visc.

Brust - Entzündung - Lunge: (134) **ACON.** aesc. *Agar.* *All-c.* am-c. am-m. anac. ant-ar. *Ant-c.* ant-i. **ANT-T.** *Apis* *Arg-n.* *Arn.* **ARS.** *Ars-i.* ars-s-f. arum-t. aur-m. *Bad.* *Bapt.* bar-c. bar-i. *Bell.* *Benz-ac.* beryl. both. *Brom.* **BRY.** *Cact.* cadm-met. *Calc.* calc-s. calc-sil. camph. *Cann-s.* canth. caps. carb-ac. *Carb-an.* **CARB-V.** *Carbn-s.* carc. cham. **CHEL.** *Chin.* chin-b. *Chlor.* coff. colch. *Con.* cop. corn. corn-f. crot-h. *Cupr.* *Dig.* dulc. eberth. *Elaps* eup-per. *Ferr.* *Ferr-ar.* *Ferr-i.* **FERR-P.** *Gels.* **HEP.** *Hippoz.* *Hyos.* ign. *Iod.* *Ip.* kali-ar. *Kali-bi.* *Kali-br.* *Kali-c.* *Kali-chl.* *Kali-i.* kali-m. *Kali-n.* *Kali-p.* *Kali-s.* *Kreos.* *Lach.* *Lachn.* *Laur.* **LOB.** **LYC.** lycps-v. meli-xyz. **MERC.** *Mill.* morg-p. myrt-c. nat-ar. *Nat-m.* *Nat-s.* *Nit-ac.* nux-v. oci-sa. ol-j. op. parathyr. *Ph-ac.* **PHOS.** podo. *Psor.* **PULS.** ran-b. **RHUS-T.** rumx. ruta *Sabad.* *Sang.* sec. **SENEG.** **SEP.** *Sil.* spig. spong. *Squil.* stann. *Stram.* stroph-h. sul-ac. sul-i. **SULPH.** sumb. *Ter.* toxo-g. tub. *Verat.* **VERAT-V.** x-ray

Zunächst sehen wir, dass die bereits besprochenen Arzneien: Aconitum (Acon), Belladonna (Bell), Ferrum phosphoricum (Ferr-p), Nux vomica (Nux-v), Dulcamara (Dulc) und Hepar sulphuris (Hep), nicht nur Bezug zu den oberen Atemwegen haben, sondern auch bei Erkrankungen der unteren Atemwege in Frage kommen. Darüber hinaus kommen noch weitere Mittel bei einer Entzündung der Bronchien oder der Lunge in die nähere Auswahl. Die aus meiner Erfahrung am häufigsten vorkommenden Arzneien stelle ich Ihnen nachstehend vor. Beginnen möchte ich mit den großen homöopathischen Mitteln, die auch für eine konstitutionelle Behandlung in Frage kommen.

Arsenicum album (Ars)
(Weißes Arsenik)

Wie bei allen großen Arzneien, ist das Mittelbild so umfassend, dass wir bei Arsen auch einen großen Bezug zu Atemwegserkrankungen finden. Ich habe die Arznei in so einem Fall bislang immer unter konstitutionellen Gesichtspunkten verschrieben.
Pferde dieses Typs sind sehr leistungsbereit, daher finden wir sie häufig im sportlichen Umfeld. Sie benötigen eine zuverlässige und konsequente Bezugsperson, die einerseits ihr Temperament in die richtigen Bahnen lenken kann und anderseits Sicherheit und Halt vermittelt. Bei der Auswahl ist der Arsen-Patient allerdings sehr misstrauisch und wählerisch, aufzwingen kann man diesen Pferden nichts.

Modalitäten

Verschlechterung des Zustandes durch:
- Alles wird schlechter nach 24 Uhr!
- Kaltwerden
- Nasswerden
- Körperliche Überanstrengung,
- Ungewohnte Anforderung
- Mentalen Stress
- Ruhe
- Alleinsein

Verbesserung stellt sich ein durch:
- Wärme
- Gesellschaft
- Bewegung

Besondere Indikation:
Die Angst ist häufig präsent, durchaus mit der Bereitschaft zur kopflosen Flucht oder auch zu aggressivem Verhalten. Im Kapitel zu den Gemütserkrankungen stelle ich den Fall eines Arsen-Patienten vor und beschreibe diesen Aspekt aus dem Mittelbild ausführlich.
Arsen-Patienten frieren oft und zeigen im Krankheitsfall eine häufig nicht nachvollziehbare Schwäche, die in keiner Relation zur Erkrankung zu stehen scheint. Die Pferde sind oft sehr geschwächt und können mitunter schnell abbauen. Auffällig ist auch der Durst der Patienten. Besonders typisch für Arsen ist, dass nur kleine Schlucke auf einmal aufgenommen werden, dafür trinken die Pferde aber häufiger – und immer wieder nur kleine Schlucke!

Alle Absonderungen sind scharf und so kann Ausfluss aus den Nüstern die empfindliche Haut angreifen. Die Atmung ist keuchend, giemend und erschwert, daraus kann sich eine asthmatische Atmung mit Atemnot entwickeln. Die Anfälle sind meist krampfartig und verschlimmern sich – wie alle Symptome aus dem Mittelbild – nachts, vor allem nach Mitternacht.
Arsen kann durchaus bei akuten Atemwegserkrankungen eingesetzt werden, der Schwerpunkt liegt aber bei den chronischen Folgen und betrifft eher die unteren Atemwege. So denke ich bei Bronchitis, Lungenentzündung oder Asthma und einem eher leichten und edlem Pferdetyp, der zu ängstlichem Verhalten und Unruhe neigt, immer auch an Arsen.

Dieses Symptomenbild ist gar nicht so selten bei Vollblütern, die für den Rennsport vorbereitet werden. Bei Trainingsbahnen auf Sand werden leicht Partikel eingeatmet und können in die Lunge geraten. Ähnliches gilt für staubige Reithallen.

Wirkspektrum:

- Bronchitis
- Rippenfellentzündung
- Lungenentzündung
- Asthmatische Atmung
- Giemen
- Bauchatmung
- Atemnot
- Quälender Husten

Lycopodium clavatum (Lyc) (Keulenbärlapp)

Ganz zu Unrecht wie ich finde hat Lycopodium so ein schlechtes Image. Oft lese ich von diesem »Radfahrer-Symptom«, »Nach oben buckeln und nach unten treten«. Ja, es kommt gar nicht so selten vor, dass sich der Lycopodium-Patient an Ranghöheren orientiert und rangniedrigere Pferde auch schon mal drangsaliert. Lycopodium-Pferde dominieren andere gern und wollen immer wieder beweisen, wie groß und stark sie sind. Andererseits haben sie Angst, wenn sie allein sind. Sie wollen immer jemanden in ihrer Nähe haben.
Ich habe schon so häufig Lycopodium-Pferde erlebt, die mir sehr freundlich und charmant begegnet sind. Es gibt eben immer mehrere Aspekte in den Mittelbildern der großen homöopathischen Arzneien.

Besondere Indikation:
Diese Pferde sind sehr ehrgeizig, intelligent und leistungsbetont. Sie lernen schnell, daher findet man den Typ häufig unter den Leistungssportlern. Sie neigen dazu, gewissermaßen opportunistisch ihr eigenes Ding zu machen, was eine gewisse Durchsetzungsfähigkeit beim Reiter erfordert.
Lycopodium ist eher für absteigende Atemwegsinfekte in Bronchien oder Lunge zuständig, kommt aber auch bei Katarrhen der oberen Atemwege in Frage.
Der Husten sitzt meist tief und kann chronisch sein, wir finden Schleimansammlung und im Brustkorb ist ein auffallend lautes Rasseln und Giemen hörbar. Die Atmung ist schnell und kurz. Die Symptome verschlechtern sich gegen Abend und sind morgens besser.

Modalitäten

Verschlechterung des Zustandes durch:

- Leistungsstress
- Aufregung
- Erwartungsangst
- Verschlimmerung zwischen 16.00 Uhr und 20.00 Uhr
- Warme, stickige Luft im Stall
- Nasses Wetter
- Kaltwerden

Verbesserung stellt sich ein durch:

- Bewegung
- Wärme

Lycopodium-Erkrankungen entwickeln sich meist langsam und werden dann oft allmählich aber fortschreitend chronisch.
In der Literatur findet man immer wieder eine gewisse Rechtsseitigkeit der Symptome, die Beschwerden können zunächst die rechte Seite betreffen und gehen dann über auf die linke Seite. In der Praxis habe ich das selten so ausgeprägt erlebt.
Charakteristisch für Lycopodium ist aber die sogenannte Nasenflügelatmung, dabei weiten sich die Nüstern bei jedem Atemzug quasi fächerartig.

Wirkspektrum:
- Bronchitis
- Lungenentzündung
- Tief sitzender Husten
- Chronischer Husten
- Nasenflügelatmung
- Katarrh der oberen Atemwege (Kehlkopf, Nasennebenhöhlen)

Natrium muriaticum (Nat-m) (Kochsalz)

Natrium muriaticum, auch Natrium chloratum genannt, ist eine nicht so typische Arznei bei Atemwegsinfekten. Ich habe aber einige Fälle vor allem bei Sportpferden sehr erfolgreich mit dieser Arznei behandelt und möchte sie daher auch erwähnen. Diese Arznei gehört zu den großen Kummermitteln und wird im Kapitel der Gemütsauffälligkeiten entsprechend gewürdigt.
Die Verschreibung erfolgt in den meisten Fällen aufgrund konstitutioneller Merkmale.

In der Schulmedizin wird Natrium meist in der Notfallmedizin als Kochsalzinfusion oder -inhalation eingesetzt, das homöopathische Einsatzspektrum ist wesentlich breiter.

Natrium muriaticum-Patienten sind ganz gut erkennbar. Man findet diese Pferde häufig im Sport, weil sie über ihre Grenzen gehen. Die machen immer ihren Job, auch wenn es ihnen nicht gut geht.

Modalitäten

Verschlechterung des Zustandes durch:
- Wärme
- Sonnenhitze
- Wetterwechsel von kalt nach warm
- Überanstrengung
- Kummer

Verbesserung stellt sich ein durch:
- Frische Luft

Das können hagere, etwas grobknochige Typen sein, obwohl sie guten Appetit haben. Viel auffälliger ist aber ihre Neigung sich abzusondern. Pferde sind ja von Natur aus Herdentiere, aber Natrium muriaticum-Patienten sind Einzelgänger mit einer hohen Individualdistanz. Bei aller Leistungsbereitschaft sind sie anspruchslos und zeigen wenig bis keine Emotionen.
Erkrankungen der Atemwege erstrecken sich eher auf den chronischen Bereich. Chronischer Husten, chronische Bronchitis, chronische Lungenentzündung. Die Pferde mögen keine Wärme, alle Symptome verschlimmern sich bei Hitze, vor allem bei direkter Sonnenhitze.

Phosphorus (Phos)
(Phosphor)

Und wieder Phosphor – ja, Phosphor ist eine der am häufigsten zur Anwendung kommenden Arzneien bei Atemwegserkrankungen! Wir führen uns nochmals das Phosphorbild vor Augen: Das sind diese – mitunter blutgeprägten – Pferde mit zierlichem Fundament. Sie sind schön und haben eine Aura, der man sich kaum entziehen kann. Sie sind offen und neugierig mit feinen Sinnen, aber oft auch ein wenig ängstlich und schreckhaft. Die Pferde sind lustig und immer für einen Spaß zu haben.
Im Sport überzeugen sie durch ihre Ausstrahlung und Eleganz. Sie sind leistungsbereit und leistungsfähig, lassen sich aber schnell ablenken. Sie sind unheimlich schnell gelangweilt und dann unkonzentriert. Dieses Temperament erfordert einen einfühlsamen Reiter.

Modalitäten

Verschlechterung des Zustandes durch:
- Liegen auf der linken Seite
- Erregung durch Sinneseindrücke (Aufregung, Schreck, Erwartungsspannung – alle Emotionen)
- Nasswerden
- Kaltes Wetter
- Körperliche und/oder geistige Überanstrengung

Verbesserung stellt sich ein durch:
- Zuwendung
- Ruhe
- Schlaf

Besondere Indikation:
Phosphor-Pferde mögen nicht alleine sein, das erzeugt Angst und Panik.
Charakteristisch für diese Arznei ist, dass die Patienten nicht, oder zumindest selten, auf der linken Seite liegen. Achten Sie mal darauf, die Pferde liegen meist auf der rechten Seite! Das ist ein wertvoller Hinweis für die Wahl dieser Arznei.
Durst besteht auch, aber nicht wie bei Arsen auf häufige kleine Schlucke. Der Phosphor-Patient hat Durst auf große Mengen und trinkt die auf einmal.
Phosphor ist ein überaus wertvolles Mittel bei Atemwegserkrankungen fast aller Art. Wobei wir nicht den Grundsatz »Ähnliches wird durch Ähnliches geheilt« vergessen dürfen!

Ich gebe Phosphor meinen Patienten meist aufgrund des konstitutionellen Bezuges.

Wirkspektrum:
- Bronchitis akut und chronisch
- Wässriger Nasenausfluss
- Schleimiger Nasenausfluss
- Asthmatische Atmung bis Atemnot
- Lungenentzündung
- Harter, quälender, schmerzhafter Husten
- Katarrhe der oberen Luftwege
- Kehlkopfentzündung
- Allergisches Asthma
- Nasenbluten
- Lungenbluten

Silicea (Sil)
(Kieselsäure)

Das homöopathische Mittel Silicea haben Sie im Kapitel der Huferkrankungen bereits kennengelernt. Diese Arznei gehört ebenfalls zu den großen Polychresten, die meistens aufgrund ihres konstitutionellen Bezugs verschrieben werden.
An dieser Stelle möchte ich Ihnen das Bild der gut gekleideten Dame mit Perlenkette in Erinnerung rufen, weil man sich das so gut merken kann.
Die Silicea-Pferde kommen auch fein und elegant daher. Sie sind vornehm distanziert und eher vorsichtig und zurückhaltend. Diese Pferde gehen jedem Streit aus dem Weg. Optisch handelt sich um eher kleine, feingliedrige Pferde mit dünnem, feinem Fell.Typisch ist auch, dass diese Pferde schnell frieren.Die schüchternen Silicea-Patienten stellen sich nicht in den Mittelpunkt. Dennoch mangelt es nicht an Leistungsbereitschaft. Nur Stress können sie nicht vertragen, dann werden sie hektisch und nervös. Wenn man behutsam mit ihnen umgeht, sind sie jedoch zu großer Leistung fähig – sofern es ihre körperliche Widerstandskraft zulässt, hier fehlt es manchmal an Robustheit.
Silicea ist eher eine Arznei für chronische Zustände. Zu Atemwegserkrankungen finden wir: chronische Bronchitis, Lungenentzündung, gelben und schleimigen Nasenausfluss, rasselnde Atmung, chronischen Schnupfen, Asthma.

Wirkspektrum:
- Chronische Bronchitis
- Lungenentzündung
- Chronischer Schnupfen
- Dicker, gelber, schleimiger Nasenausfluss
- Rasselnde Atmung
- Asthma
- Husten

Modalitäten

Verschlechterung des Zustandes durch:
- Kälte, vor allem Zugluft
- Kaltwerden aller Art

Verbesserung stellt sich ein durch:
- Fortgesetzte Bewegung
- Warmes (aber nicht heißes) Wetter
- Zuwendung

Sulphur – (Sulph)
(Schwefel)

Sulphur ist eigentlich kein spezifisches Mittel für Atemwegserkrankungen. Aber diese Arznei ist eins der größten Polychreste und gilt als ausgesprochen gut geprüft, sodass das Mittelbild sehr umfassend ist und natürlich auch ein Bezug zu den Atemwegen besteht. Ich habe Sulphur schon häufig mit großem Erfolg bei Infekten der Atemwege verschrieben und möchte Ihnen diese große Arznei daher an dieser Stelle vorstellen.

Sulphur gilt als der König unter den Arzneien. Die Pferde sind durch kaum etwas zu erschüttern und ruhen in sich selbst. Man hat manchmal den Eindruck, sie sind sich selbst genug und interessieren sich nicht so sehr für Andere. Ihr Temperament wird etwas phlegmatisch beschrieben. Sulphur-Pferde können faul und dickköpfig sein und suchen den Weg des geringsten Widerstandes. Sie haben oftmals eigene Pläne, die sie auch versuchen durchzusetzen. Man muss diese Pferde einfach auf seine Seite bekommen, wenn man mit ihnen arbeiten will.

Wir finden unter den Sulphur-Patienten häufig Konstitutionen, die dazu neigen, dick zu werden. Schmutz stört sie nicht, sie machen sich gerne schmutzig, haben oftmals ein ungepflegtes Aussehen mit struppigem Fell.

Das Sulphur-Pferd wird Sie um den Finger wickeln. Es ist freiheitsliebend und individualistisch, ein stolzer Typ mit natürlicher Würde. Er hat seine eigenen Gesetze. Das muss man wissen und sich mit ihm arrangieren, denn auch durch Zurechtweisung ist der Sulphur-Patient wenig zu beeindrucken.

Modalitäten

Verschlechterung des Zustandes durch:

- Wärme
- Warmes Wetter
- Kälte
- Impfung
- Nachts

Verbesserung stellt sich ein durch:

- Bewegung in frischer Luft

Der Schlüssel für eine erfolgreiche Nutzung im Sport ist aus meiner Sicht, diese Pferde »bei Laune zu halten«, ihr Interesse und damit ihre Motivation zu wecken und ihnen viel Abwechslung zu bieten.

Besondere Indikation:
Der Schwerpunkt dieser Arznei liegt sicher im Bereich von Hauterkrankungen. Sie ist oft auch von großem Nutzen, um die Behandlung chronischer Krankheiten zu beginnen oder um die Therapie sich dahinschleppender akuter Krankheiten zu Ende zu führen.

Suphur-Patienten reagieren außerordentlich empfindlich auf Wärme, die alle Symptome verschlimmern kann. Strenge Kälte wird aber ebenfalls nicht vertragen.

Wertvoll ist der Einsatz bei jeglicher Art von Reaktionsmangel, zum Beispiel, wenn sorgfältig ausgewählte Arzneien nicht wie erwartet wirken, beziehungsweise der Organismus kaum verwertbare Symptome entwickelt.

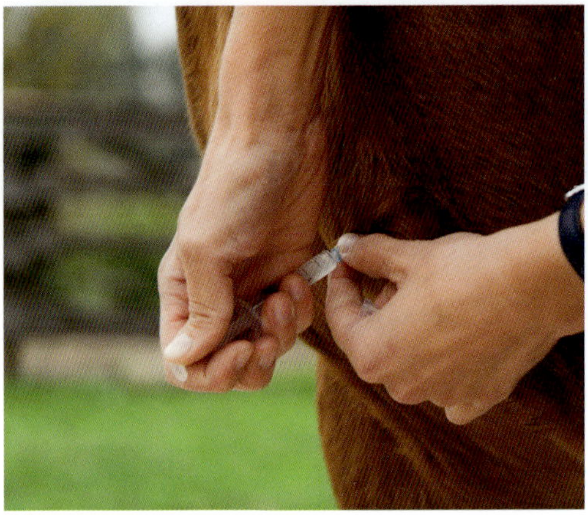

Entwickeln Pferde nach einer Impfung Atemwegsprobleme, kann Sulphur das Mittel der Wahl sein.

Sulphur gilt als der große Reiniger. Die Arznei ist in der Lage, bisher verborgene Symptome zum Vorschein zu bringen und den Organismus nach eventuell vorangegangener medikamentöser Behandlung wieder in einen reaktionsfähigen Modus zu bringen. So ist er für homöopathische Arzneien zugänglich. Das ist oftmals ein Grund, weshalb ich eine Therapie bei vorbehandelten Pferden mit Sulphur beginne.

Sulphur gehört – wie Silicea – zu den Arzneien, an die man bei Folgen einer Impfung denken sollte. Das können durchaus auch Atemwegserkrankungen sein, die Patienten in Folge einer Impfungen entwickeln.

Das Spektrum ist aber durchaus größer. So kann Sulphur für alle Arten von Katharrhen der oberen und der unteren Atemwege, bei Bronchitis und Lungenentzündung als ähnlichste homöopathische Arznei in Frage kommen.

Auch wenn sich der Heilungsverlauf, trotz schulmedizinischer Behandlung, dahinschleppt, kann man an Sulphur als Reaktionsmittel denken. Gleiches gilt, wenn sich die Patienten nach einer Atemwegserkrankung nicht so richtig wieder erholen wollen.

Wirkspektrum:
- Bronchitis
- Lungenentzündung
- Verschleppte Bronchitis und/oder Lungenentzündung
- Atemwegserkrankung nach Impfung
- Als Reaktionsmittel

Bryonia (Bry)
(Zaunrübe)

Wir rufen uns nochmals in Erinnerung, was für die Verschreibung von Bryonia gilt: »Alles wird schlimmer durch Bewegung und Wärme, starker Druck bessert.« Diese Aussage gilt auch für Erkrankungen des Atemapparates. Für diese ist Bryonia eine Arznei von unschätzbarem Wert, wenn auch nicht als Konstitutionsmittel.

Patienten, die Bryonia benötigen, schmerzt jeder Atemzug und schlimmer noch, jeder Husten. Deshalb vermeiden sie Bewegung, die den Schmerz noch verstärken könnte, und sie atmen auffallend flach.

Da fester Druck die Beschwerden lindert, liegen die Pferde auf der (schlimmer) erkrankten Seite oder suchen Gegendruck, indem sie sich an eine Wand lehnen. Wir Menschen würden, um Husten zu vermeiden und Druck zu erzeugen, wahrscheinlich die Arme fest vor dem Brustkorb verschränken und versuchen, möglichst vorsichtig zu atmen, um nicht husten zu müssen.

Modalitäten

Verschlechterung des Zustandes durch:
- Jede Form von Bewegung
- Leichte Berührung
- Wärme

Verbesserung stellt sich ein durch:
- Kühlen und auch frische Luft
- Ruhe
- Starken Druck
- Liegen auf der schmerzhaften Seite

Bryonia ist eher eine Arznei für akute Zustände, wie: akute Bronchitis, akute Lungenentzündung, akute Brustfellentzündung. Sie wird auch bei schmerzhaftem, trockenem Husten eingesetzt, wenn dieser vor allem durch Bewegung ausgelöst wird.

Wirkspektrum:
- Akute Bronchitis
- Akute Lungenentzündung
- Akute Brustfellentzündung
- Schmerzhafter, trockener Husten

Drosera (Dros)
(Rundblättriger Sonnentau)

Drosera ist, wie auch Dulcamara, eine kleine Arznei mit einem spezifischen Wirkspektrum. In der Materia medica gilt sie als Spezifikum für Keuchhusten.

Drosera rotundifolia, der Sonnentau, ernährt sich von Insekten.

Die Patienten leiden unter krampfartigem, tief klingendem, bellenden Husten. Krämpfe in Brust und Kehlkopf erschweren die Atmung. Die Neigung zu Spasmen durchzieht das ganze Arzneimittelbild. Drosera-Husten ist heftig, schmerzhaft und erschöpfend. Ähnlich wie bei Bryonia lindert fester Druck auf die Brust die Beschwerden.Typisch ist eine abendliche und nächtliche Verschlimmerung.

Wirkspektrum:
- Spasmodischer Husten
- Hustenanfälle
- Bronchitis
- Lungenentzündung
- Kehlkopfentzündung

Modalitäten

Verschlechterung des Zustandes durch:
- In der Regel abends und nachts
- Wärme

Verbesserung stellt sich ein durch:
- Festen Druck

FALLBEISPIEL

SYMPTOME: SPONTAN AUFTRETENDER GELBER, SCHLEIMIGER, DICKFLÜSSIGER NASENAUSFLUSS. ZUNÄCHST RECHTS, AM NÄCHSTEN TAG LINKS.

Patient: 14-jahriger Wallach

Auch mein eigenes Pferd präsentierte mir schon eine »wunderbare Schnoddernase«. Ein schönes Beispiel für die homöopathische Behandlung eines akuten Atemwegsinfektes, wie er plötzlich – auch auf dem Turnier – entstehen kann.

Außer den oben genannten Symptomen gab es nichts weiter Auffälliges bei meinem Pferd zu erkennen – kein Husten, kein Fieber, keine geschwollenen Lymphknoten, normale Atmung. Eine Ursache ist ebenfalls nicht erkennbar. Dennoch ist gelber Nasenausfluss nicht normal und daher behandlungswürdig.

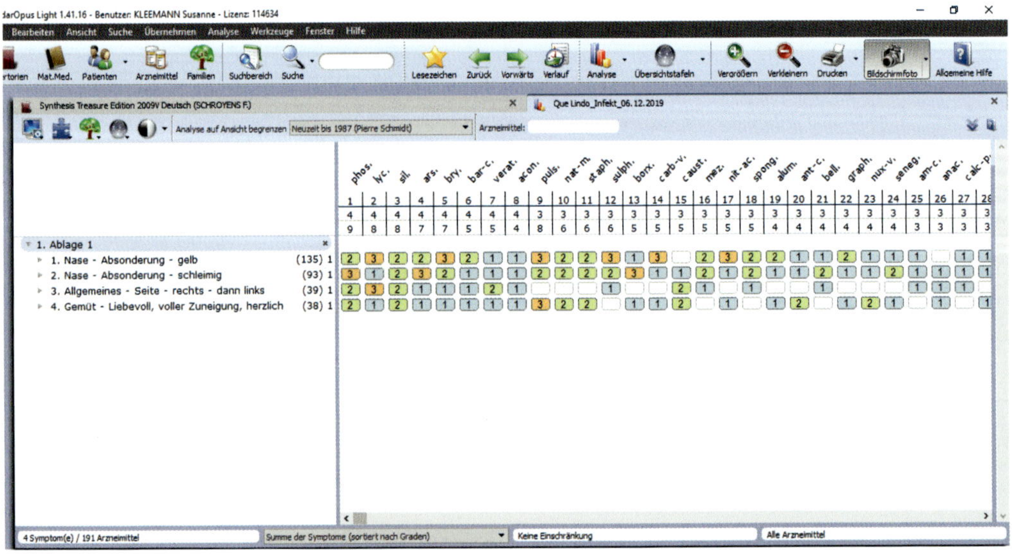

Beispiel für die Auswertung der Symptome im Repertorium. Die Zahlen von 1–3 spiegeln wieder die unterschiedliche Wertigkeit der Arzneien zu dem Symptom.

Da wir nur wenige Symptome haben, ist der Blick auf den ganzen Patienten hilfreich, um die Verschreibung abzusichern.
Es handelt sich bei diesem Patienten um ein kleines (Stockmaß 1,60 m), blutgeprägtes ganz charmantes Pferd, das sehr offen und neugierig auf jeden zugeht und sehr an seiner Umwelt interessiert ist. Obwohl eher ängstlich und schreckhaft, ist es für jeden Unsinn zu haben und manchmal ein echter Clown.
Wenn ich diese kurze Beschreibung lese, denke ich sofort an das Arzneimittelbild von Phosphor.
Ich möchte einmal zeigen, wie in so einem Fall eine Repertorisation aussehen kann (s. Abbildung Seite 130). Unter Auswahl der wichtigsten Symptome bestätigt sich Phosphor – neben anderen Mitteln – als eine sehr ähnliche Arznei.
Mein Pferd bekam Phosphor C30 aus einer Wasserauflösung verabreicht. Nochmals zur Erinnerung: 1 Kügelchen in ca. 200 ml Wasser aufgelöst und daraus 1 ml ins Maul.
Am nächsten Tag war der Nasenausfluss links und nicht mehr ganz so gelb, insgesamt auch weniger ausgeprägt. Ich habe die Phosphorgabe daraufhin am zweiten Tag nochmal wiederholt.
Ab dem 3. Tag war die Nase trocken! Nach wie vor hatte der Patient weder Fieber, noch weitere Anzeichen einer akuten Atemwegserkrankung!
Dieses Beispiel zeigt, wie schnell und effektiv die Homöopathie im Akutfall wirken kann, wenn das ähnlichste Mittel sofort verabreicht wird.

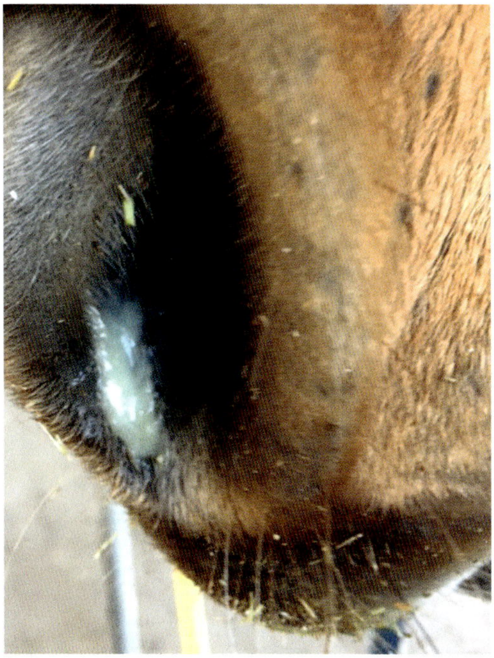

Nasenausfluss am 2. Tag, aus der linken Nüster.

Am 3. Tag ist die Nase trocken.

FALLBEISPIEL

DIAGNOSE: COPD

Patient: Pony, 19 Jahre alt, bis S-Dressur ausgebildet

Nachfolgendes Fallbeispiel ist nach den Grundsätzen der homöopathischen Anamnese (Christiane P. Krüger) aufgebaut. So können Sie Ihren Eindruck, worauf es hierbei ankommt, nochmal reflektieren.

WER ist der Patient?
Es geht um ein großrahmiges, kalibriges Pony, das mit einem Stockmaß von fast 1,60 m aus dem Ponymaß herausgewachsen ist. In seiner aktiven Turnierkarriere ist es erfolgreich in Dressurprüfungen vorgestellt worden.
Der Wallach »ist gut dabei«, wie man so sagt. Er hat verschiedene Fettpölsterchen und ein Fettdepot am Halsaufsatz.
Das Pony ist sehr brav im Umgang, nimmt sich aber auch mal kleine Frechheiten raus. Dann stänkert es mal gegen andere Pferde, aber ansonsten ist er liebenswert und verschmust.

WAS ist das zu Behandelnde?
Der Patient hat ständig Attacken mit erschwerter Atmung aber keinen akuten Infekt. Ab und an hat er mal trockenen, oberflächlichen Husten.

WO ist die Erkrankung lokalisiert?
Die Atemwegserkrankung betrifft die oberen und unteren Atemwege.

WIE äußert sich die Erkrankung?
Das Pferd muss die Atemluft beim Ausatmen mit Anstrengung rauspressen. Das Einatmen geht besser.
Bauch- und Pressatmung mit sichtbarer Drosselrinne.
Keine Absonderungen, kein Fieber.
Lauffreudig und motiviert.

WARUM, wodurch ist die Erkrankung entstanden (Causa)?
Es besteht eine hochgradige Allergiebereitschaft, unter anderem gegen Heu- und Strohstaub.

WANN unter welchen Umständen verbessert oder verschlechtert sich die Erkrankung?
Es ist in diesem Fall keine Veränderung der Symptomatik durch Bewegung oder den Einfluss von Wärme oder Kälte festzustellen. Auch zeigt sich das Geschehen unabhängig von Tages- und Jahreszeiten und ist auch wetterunabhängig. So ist es eben manchmal, nicht in jedem Fall gibt es eindeutige Modalitäten. Dann muss anhand der vorhandenen charakteristischen Symptome das ähnlichste Mittel herausgefunden werden.

WAS noch?
Das Pony hatte bereits einen Reheschub und immer mal wieder leichte Verletzungen am Bewegungsapparat. Es neigt zu Zellgewebsentzündungen. Zudem hatte es mal ein Hufgeschwür. Es friert im Winter leicht und hat eine Abneigung gegen Wasser. Das Pony ist Diabetiker.
Parallel zur homöopathischen Behandlung erfolgt zunächst noch eine Inhalation mit Kortison.

Homöopathische Behandlung

1. Verordnung: Phosphor in aufsteigenden Q-Potenzen über 2 Monate
Zunächst wurde die Atmung besser, er musste nicht mehr so pressen beim Ausatmen, hatte eine gute Energie und war gut gelaunt. Aber die Atmung macht ihm dann wieder zu schaffen, es ist jetzt deutlich schlechter bei Wärme. Die Lunge ist nach wie vor spastisch und asthmatisch. Er sollte auch geimpft werden.

2. Verordnung: Sulphur C30 und C200 nach Bedarf
Jetzt wird die Atmung langsam aber deutlich besser, das Kortison wird ganz langsam verringert und letztlich abgesetzt. Er ist munter und fröhlich. Über weitere 2 Monate ging es mal besser mal schlechter. Nach insgesamt 6 Monaten kann man sagen dass die COPD das Pony nicht mehr nennenswert beeinträchtigt. Die Halterin spricht von »Ponyflachrennen« ...
In diesem Zustand hätte der Wallach durchaus wieder an Wettkämpfen teilnehmen können, was aber aufgrund seines Alters nicht das Ziel war.

VERHALTENSAUFFÄLLIGKEITEN – ÄNGSTE, NERVOSITÄT, RITTIGKEITSPROBLEME

Bei dem Thema Verhaltensauffälligkeiten oder Gemütsproblemen hat die Homöopathie gegenüber der Schulmedizin sicher Vorteile, sofern die Symptome nicht auf eine Krankheit zurückzuführen sind.
Eins vorweg. Die Homöopathie verändert niemals den Charakter ihres Pferdes, aber bei Verhaltensanomalien besteht die Möglichkeit der Regulierung in Richtung natürlichen Verhaltens.
Hahnemann hat die Bedeutung der Geistes- und Gemütssymptome sehr betont, denn wenn es darum geht, einen Fall zu individualisieren – um die ähnlichste Arznei zu finden – sind diese Symptome ebenso wichtig wie die körperlichen Merkmale. Manchmal

Ängste können aus unterschiedlichsten Gründen zu unerwünschtem Verhalten des Pferdes führen.

sind die Verhaltensmerkmale sogar entscheidend, wenn es um die Differenzierung von in Frage kommenden Mitteln geht.
Wie beim Menschen, können Erkrankungen auch beim Tier einen seelischen Hintergrund haben. Deshalb frage ich in meinen Anamnesen immer, ob sich zum Zeitpunkt der physischen oder auch psychischen Auffälligkeiten irgendwelche Veränderungen oder Besonderheiten ereignet haben.
Es stellen sich aber noch weitere Fragen in diesem Zusammenhang:
Ist das Tier körperlich krank, weil es ein seelisches Trauma erlitten hat, oder leidet es Kummer, weil es erkrankt ist? Ist das gezeigte Verhalten überhaupt krankhaft oder möglicherweise Folge von Stress, Haltungsbedingungen, Fütterung und der Bewegungs(un)möglichkeit? Welche sozialen Kontakte bestehen? Haben sich hier vielleicht Veränderungen oder sogar Verluste ergeben?
Es lohnt sich, Ursachenforschung zu betreiben und zu schauen, welche Umstände bei Beginn der Auffälligkeiten bestanden.
Was war verändert? Das kann die täglichen Abläufe betreffen, einen Stallwechsel durch Kauf oder Verkauf vielleicht, Stress auf dem Turnier oder Transport, den Verlust von Freunden oder Bezugspersonen aber auch die Lebensumstände der Besitzer, Reiter oder Pfleger.
Natürlich spielt die Beziehung zwischen dem Tier und den Bezugspersonen eine Rolle beim Verhalten des Pferdes. Ist diese geprägt von Fürsorge oder möglicherweise von Sorge, Stress oder Ehrgeiz? Da gibt es viele Möglichkeiten.
An dieser Stelle möchte ich nochmal mögliche »unterhaltende Ursachen oder Heilungshindernisse« in Erinnerung rufen.
Hahnemann schreibt im Organon 6 §252: »Wenn bei einer chronischen Krankheit beim Gebrauch der übrigen Arzneien (nach einer nicht ganz passenden Arznei) auch die beste gewählte homöopathische Arznei die Besserung nicht fördert, so ist dies ein untrügliches Zeichen dafür, dass die für die Krankheit unterhaltende Ursache noch weiter besteht.«
Es befindet sich in der Lebensordnung des Kranken oder in dessen Umgebung also ein Umstand, welcher abgeschafft werden muss, damit Heilung dauerhaft zustande kommt.
Schauen wir uns nachfolgend mal einige psychische Beschwerden an, die keine körperlichen Ursachen haben und im sportlichen Umfeld, aber auch bei Freizeitpferden, auftreten können.

Ängste und Konzentrationsschwäche

Auch beim Pferd gibt es natürlich Ängste aus den unterschiedlichsten Gründen, die zu Verhaltensauffälligkeiten führen können. Das können traumatische Erlebnisse sein, die in Form von »Déjà-Vus« in ähnlichen Situationen wieder möglicherweise panische Reaktionen auslösen. Angst und Aufregung vor einem besonderen Ereignis, wie einem Turnierstart, können natürlich ebenfalls ursächlich sein.
In dem einen wie in dem anderen Fall wird das mindestens Konzentrationsschwäche bei den Pferden nach sich ziehen. Oft ist das Pferd als Fluchttier aber noch zu ganz anderen, zum Beispiel panischen, Reaktionen fähig.

Aconitum (Acon) (Blauer Eisenhut)

Über die körperlichen Symptome dieser Arznei habe ich im Verlaufe dieses Buches bereits berichtet. An dieser Stelle soll es nun um die Psyche unserer Sportpferde gehen.
Zu den generellen Leitsymptomen von Aconitum gehören: Plötzlichkeit, Intensität, Angst, Ruhelosigkeit, Furcht und Beschwerden nach Angst und Schreck. Das können plötzliche Angstattacken durch frühere emotionale Erlebnisse sein, vielleicht die Angst auf dem Transporter oder eine gefährliche Situation im Parcours oder dem Abreiteplatz. Es gibt viele Möglichkeiten, woraus sich regelrechte »Déjà-Vu-Angstneurosen« entwickeln können, und manchmal kennen wir den Grund auch nicht.
Die Angst eines Aconitum-Zustandes kann eine kaum zu beherrschende, unkontrollierte Panik auslösen. Begleitet wird dieser Zustand durch starke Ruhelosigkeit. In solchen Situationen ist es dem Pferd nicht möglich, sich zu konzentrieren!

Modalitäten

Verschlechterung des Zustandes durch:
- Unruhige Umgebung

Verbesserung stellt sich ein durch:
- Wärme
- Ruhe

Bei Symptomen eines Schocks, nach einem Sturz oder Unfall beispielsweise, kann man außer an Arnica auch an Aconitum denken. Das gilt vor allem, wenn die Angst überrepräsentiert ist. Der Arnica-Zustand ist eher geprägt durch Rückzug, weil sich die Patienten nicht berühren lassen wollen.
Auch wenn Aconitum eine Arznei für akute Zustände ist, können bereits zurückliegende Erlebnisse in ähnlichen Situationen wieder Angstzustände auslösen.

Arsenicum album (Ars) (Weißes Arsenik)

Auch Arsen haben Sie im Hinblick auf körperliche Beschwerden bereits kennengelernt. Diese Arznei gehört darüber hinaus zu den wichtigsten Angstmitteln.
Wir erinnern uns bei dem Arsen-Patienten an das eher leichte, feingliedrige, mitunter sehr blutgeprägte, fast adelige Pferd. Es kann aufgrund seiner Angst sehr misstrauisch gegenüber Neuem sein, immer auf der Hut, dass ihm ja nichts passiert. Das macht sie sehr anhänglich, weil sie nach Sicherheit suchen.
Immer gleiche Abläufe oder Routinen, dieselbe Bezugsperson und auch Rituale tragen dazu bei, diesen Pferden Sicherheit zu vermitteln.
Die Angst des Arsen-Patienten kann sich in unberechenbaren, panischen Reaktionen ausdrücken, manchmal ohne Rücksicht auf sich selber oder andere. Diese Pferde können als Opfer ihrer Angst geradezu aggressiv werden, beißen, treten, sich losreißen, nur um der Angst einflößenden Situation zu entkommen.

Modalitäten

Verschlechterung des Zustandes durch:

- Alles wird schlechter nach 24 Uhr!
- Körperliche Überanstrengung
- Ungewohnte Anforderungen
- Mentalen Stress
- Ruhe
- Alleinsein

Verbesserung stellt sich ein durch:

- Wärme
- Gesellschaft
- Bewegung

Da hilft nur – außer der Verabreichung der passenden Arznei – Ruhe zu bewahren und zurückzukehren zu gewohnten Abläufen, um Vertrauen wieder herzustellen.
Charakteristisch ist die große Unruhe dieser Pferde. Sie gehen auf und ab, sind ständig in Bewegung und finden keine Ruhe. Die Aufregung lässt es nicht zu, dass sie stillstehen.

PHOSPHORUS (PHOS)
(Phosphor)

Interessant finde ich immer wieder die Entsprechung zwischen der Ausgangssubstanz einer homöopathischen Arznei und den Patienten, die mit dem Mittel in Resonanz stehen. Bei Phosphor empfinde ich das ganz besonders ausgeprägt.

Phosphor bedeutet »Träger des Lichts«. Phosphor zählt zu den nicht-metallischen Elementen, leuchtet im Dunkeln und ist hochgradig entflammbar – ein Ausdruck der außergewöhnlichen Reaktionsfreudigkeit dieses Elements und seiner lichtgebenden Eigenschaft.
Phosphor-Pferde sind sehr liebenswert und haben eine ganz charmante, ausgesprochen strahlende Ausstrahlung, sie gehen offen und neugierig auf jeden zu. Hier unterscheiden sie sich von Arsen-Pferden, die Zuwendung aufgrund ihrer Angst und Unsicherheit suchen, Phosphor-Pferde sind ohne Vorbehalte erstmal liebenswürdig und zugänglich. Selten sehen wir auch das Gegenteil: Patienten mit ausgeprägter Aggressivität. Doch auch diese Seite ist im Mittelbild von Phosphor verankert.
Der Typ ist wie bei Arsen eher blutgeprägt und leicht, oft sind sie auffallend schön und mit lebhaften Sinnen ausgestattet.

Modalitäten

Verschlechterung des Zustandes durch:

- Erregung durch Sinneseindrücke (Aufregung, Schreck, Erwartungsspannung – alle Emotionen)
- Körperliche und/oder geistige Überanstrengung

Verbesserung stellt sich ein durch:

- Zuwendung
- Ruhe
- Schlaf

Phosphor-Patienten sind überempfindlich gegenüber allen äußeren Reizen. Sie reagieren schnell schreckhaft und mit Aufregung – an Konzentration ist dann nicht mehr zu denken. Überhaupt lassen sich diese Pferde schnell ablenken, Konzentration gehört nicht zu ihren Stärken, obwohl sie durchaus sehr leistungsbetont sind.

Die Pferde sind zwar ausdrucksstark, das zuverlässige Abrufen ihrer Leistung im Parcours oder Viereck ist aber nicht immer ganz einfach. Sehr schnell sind diese Pferde abgelenkt und dann unkonzentriert und nicht mehr bei der Sache. Charakteristisch ist ihre ausgeprägte Erregung und Schreckhaftigkeit in angsteinflößenden Situationen, bei Gewitter zum Beispiel oder Knallgeräuschen. Manchmal gewinnt man aber auch den Eindruck, dass sie eine Situation ausnutzen, um ihrer Lebensfreude durch beherzte Bocksprünge Ausdruck zu verleihen. Diese Pferde sind einfach für jeden Unsinn zu haben und können dabei sehr kreativ sein.Kein anderer Typ ist im Hinblick auf die zum Ausdruck gebrachte strahlende Lebensfreude mit Phosphor zu vergleichen.

Lycopodium clavatum (Lyc) (Keulenbärlapp)

Auch Lycopodium ist neben seinem breiten Spektrum an körperlichen Anwendungsbereichen sehr angstbesetzt. Vor allem Erwartungsangst oder Lampenfieber sind sehr ausgeprägt. Der Lycopodium-Patient steht sich sprichwörtlich schonmal selbst im Weg. Einerseits sind diese Pferde sehr sportlich und zu Höchstleistungen fähig, andererseits fehlt es ihnen oft an Selbstbewusstsein. Vor Turnierprüfungen setzen sie beispielsweise häufig nochmal nervös Kot ab. Manchmal auch als Durchfall. Einmal im Viereck oder im Parcours, überwiegt aber in der Regel ihr Ehrgeiz, sodass sie durchaus Leistungen erbringen.

Lycopodium-Konstitutionen stellen gerne mehr dar als sie sind. Beim Menschen würde man es Prahlen nennen. Diese gewisse Aufgeblasenheit, die ich bereits beschrieben habe, ist im Grunde der Versuch, die zugrunde liegenden Ängste zu verbergen. Natürlich erfolgt das beim Tier intuitiv.

Lycopodium-Pferde sind überaus intelligent und fordern ihren Reiter. Bei fehlendem Respekt nutzen sie jede sich bietende Gelegenheit zu ihrem eigenen Vorteil. Man könnte fast sagen, sie gehen opportunistisch den Weg des geringsten Widerstands. Ihre Leistungsbereitschaft ist eng mit der Qualität des Reiters verbunden.

Modalitäten

Verschlechterung des Zustandes durch:

- Leistungsstress
- Aufregung
- Erwartungsangst

Verbesserung stellt sich ein durch:

- Bewegung
- Wärme

Argentum nitricum (Arg-n)
(Silbernitrat)

Auch Argentum nitricum deckt natürlich ein breites Spektrum an körperlichen Symptomen ab. An dieser Stelle möchte ich mich aber auf die Psyche, vor allem der Sportpferde konzentrieren, und hier ist die Erwartungsangst überrepräsentiert, sicher noch ausgeprägter als bei Lycopodium. Es können sich fast phobische Zustände entwickeln. Argentum nitricum ist eins der wichtigsten Mittel bei Lampenfieber.

Argentum nitricum-Patienten sind vor einem Ereignis so nervös, dass sie immer wieder Durchfall absetzen. Sie versuchen der Stresssituation möglichst zu entfliehen. Die Angst kann sich in unkontrollierte Panik steigern. Die Pferde finden keine Ruhe, rennen hin und her, können sogar vor lauter Stress anfangen zu weben.

Modalitäten

Verschlechterung des Zustandes durch:

- Anstrengung
- Stress
- Jegliche Form von Wärme

Verbesserung stellt sich ein durch:

- Frische Luft

Argentum nitricum-Patienten können unter allen möglichen Ängsten leiden, besonders charakteristisch ist noch die Klaustrophobie, also Zustände von Platzangst. Diese können die Pferde im Pferdehänger entwickeln, in einer (zu) kleinen Box oder auch in der Startbox vor einem Rennen.

Argentum nitricum-Patienten können an Klaustrophobie leiden und im Pferdeanhänger Angst entwickeln.

FALLBEISPIEL

Angst und Panik beim Schmied

Symptomatik: Das Pferd wehrt sich heftig gegen das Beschlagen, gerät jedes Mal in Panik, tritt vor Angst.
Patient: Wallach, Dressurpferd, zu Beginn der Behandlung 11 Jahre alt.

Das Problem: Angst und Panik beim Hufschmied.

Bei dem Patienten handelt es sich um ein hochsensibles Dressurpferd, Reiter und Pferd sind im deutschen Juniorenkader gelistet. Der Wallach regte sich beim Hufschmied immer auf, bekam geradezu Panikattacken und keilte vor lauter Angst auch gezielt aus. Deshalb musste er zum Schutz vor Verletzungen vorher immer sediert werden.
Da Medikamente zur Sedation dopingrelevant sind, musste der Turnierkalender immer mit dem Termin für den Hufschmied in Einklang gebracht werden – ein mitunter schwieriges Unterfangen. Wir wissen nicht, was das Pferd früher möglicherweise erlebt hat, dass es eine so panische Reaktion zeigt. Für den Beginn der homöopathischen Behandlung wählte ich Aconitum. Der Wallach bekam eine einzige Gabe C1000. Aconitum ist eine Arznei für plötzliche, heftige Zustände, unter Umständen verbunden mit Todesangst. Die Tiere können während ihrer Panikattacken mitunter außerordentlich aggressiv werden. Zurückliegende, möglicherweise traumatische Erlebnisse können in ähnlichen Situationen immer wieder Angstneurosen auslösen.

Das Pferd ist im Anschluss für seine Verhältnisse entspannt, aber bei guter Energie, manchmal auch etwas übereifrig unter dem Sattel. Das muss man bei der Behandlung bedenken, denn das Pferd geht im Sport und darf seine Sensibilität nicht verlieren.

Als nachfolgendes Mittel hatte ich in der Anamnese bereits an Arsenicum album gedacht, eine Arznei mit einem großen Angstspektrum, die das Pferd in seiner Gesamtheit außerdem sehr gut repräsentierte.

Wir starteten mit einer Gabe Arsen C200 aus einer Wasserauflösung.

Der erste Schmied-Termin danach verlief bei gleicher Dosierung des Beruhigungsmittels wie sonst auch, ohne Zwischenfälle. Das war bislang nicht immer selbstverständlich gewesen.

In großen zeitlichen Abständen, immer an die Reaktion des Pferdes angepasst, wurde die Arznei wiederholt. Ein halbes Jahr später war nur noch eine ganz leichte Sedation erforderlich und nach weiteren vier Monaten gelang der erste Beschlag ohne Sedierung! Das ist bis heute so geblieben, auch ein Umzug und der damit verbundene Wechsel des Hufschmiedes hat daran nichts geändert. Jetzt lässt sich der Wallach sogar ohne Beruhigung scheren! Das Pferd ist leistungsbereit und weiterhin sehr erfolgreich im Sport.

Das erste Mittel: Aconitum

Das Folgemittel: Arsen

Nachlassende Leistungsbereitschaft

In so einem Fall muss zunächst einmal ausgeschlossen werden, dass die nachlassende Leistungsbereitschaft auf gesundheitliche Einschränkungen zurückzuführen ist!

Ist das nicht der Fall, geht die Recherche nach der Ursache los – die Möglichkeiten sind vielfältig!

Es lohnt sich hier in einer Anamnese mal über den ganzen Patienten zu schauen, in seiner ganzen Individualität, mit seinen charakteristischen Merkmalen, Vorlieben und Abneigungen, dem Fress- und Trinkverhalten, der Präferenz für Wärme und/oder Kälte, dem Sozial- und auch Sexualverhalten etc.

Eine zentrale Frage wird sein, seit wann die Leistungsbereitschaft nachgelassen hat, wie sich das äußert und welche Veränderungen es gegebenenfalls zu dieser Zeit gegeben hat. Wie Sie bereits wissen, gibt es in der Homöopathie keine Arznei für »nachlassende Leistungsbereitschaft«, daher ermittele ich in der Regel ein Konstitutionsmittel, das den Patienten in seiner Gesamtheit repräsentiert. Bei Sportpferden ist man auf deren Leistungsbereitschaft angewiesen, wenn die auf einmal fehlt, stimmt was nicht. Eine konstitutionelle Behandlung kann helfen, die Motivation wiederzufinden.

Vielleicht haben Sie im Verlauf meines Buches auch schon eine Arznei entdeckt, die Ihrem Pferd ähnlich ist?

Wichtig ist in diesem Zusammenhang, mögliche »unterhaltende Ursachen« abzustellen, sonst macht eine Behandlung keinen Sinn. Hin und wieder liegen auch Kummererlebnisse bei den Pferden vor, die ich homöopathisch dann zuerst angehe. Manchmal reicht das schon aus, aber häufiger benötigt es in der Folge noch weitere Mittel, um an die Ursache für das Verhalten heranzukommen.

Ein motiviertes Pferd ist Voraussetzung für Erfolg im Sport.

FALLBEISPIEL

NACHLASSENDE LEISTUNGSBEREITSCHAFT

Symptomatik: Fehlende Körperspannung und eine schleppende Hinterhand, gestörter Lymphfluss.
Patient: Stute, Dressurpferd, zum Zeitpunkt der Behandlung 8-jährig.

Das ist mein erster Eindruck von der Stute:
Die Stute ist groß und harmonisch gebaut mit kräftigen Gelenken. Kopf und Ohren sind ebenfalls groß, alles in allem ein sehr schönes Pferd, mit großen Bewegungen.
Sie frisst mit großem Appetit ihr Heu, tunkt das in die Tränke und lässt sich davon überhaupt nicht abbringen, ob ich in der Box bin oder nicht. Die Beine hinten sind beidseits angelaufen.
Sie ist durchaus zugänglich und lässt sich (fast) überall anfassen, am Bauch mag sie das nicht so gerne.

Die Halterin berichtet:
Von der Bewegung her ist die hinten nicht fleißig, sie lässt gerne die Hinterbeine stehen. Auch tatsächlich so, dass sie beim Reiten vergisst, dass sie eine Hinterhand hat. Die Bewegung von hinten, durch den Körper, das fehlt im Galopp und auch im Trab. Sie will teilweise nicht aus der Box, das ist unterschiedlich. Manchmal will sie auch an der Hand nicht mitkommen, die sieht immer noch traurig aus, richtig depressiv.
Das war nicht immer so. Die Stute ist als Hoffnung für den Sport von den Vorbesitzern sehr engagiert ausgebildet worden, bis die Leistungsbereitschaft der Stute nachließ. Die Patientin ist eigentlich selbstbewusst und auch nicht mit jedem gut Freund. Fressen ist wichtig für sie, wenn gefüttert wird, kann das nicht schnell genug gehen. Sie ist wie ein selbstbewusster Bulldozer – wenn sie geht, dann geht sie, und rempelt auch beim Trensen manchmal. Andererseits mag sie gerne gekuschelt werden und genießt die Streicheleinheiten.

In der Anamnese ging mir die Arznei Calcium carbonicum immer wieder durch den Kopf. Da wir aber nicht ausschließen konnten, dass eine Kummerthematik vorliegt, begann ich die Behandlung mit einer Gabe Natrium muriaticum C200. Daraufhin passierte erstmal nicht viel, vielleicht kam hier und da

etwas mehr Sturheit durch – ein Hinweis auf die besser passende Folgearznei.
Wir setzten die Behandlung daraufhin mit dem Konstitutionsmittel Calcium carbonicum C200 fort. Damit waren jetzt Impulse gesetzt, die der Organismus umsetzen sollte. Zunächst kam ein Hautausschlag und dann begann die Stute zu husten. Beides Symptome, die früher schon mal da waren. Wiederkehrende alte Symptome sind aus homöopathischer Sicht ein Indiz dafür, dass die Behandlung in die richtige Richtung geht. Nun ging es auch aufwärts.
Der Ausschlag war bald wieder verschwunden und der Husten deutlich weniger, Laune und Motivation stiegen. Die Stute bockte jetzt auch mal über die Wiese.
Insgesamt hat die Patientin einige Gaben ihres Konstitutionsmittels benötigt, um adäquat reagieren zu können. Eine schon länger bestehende Symptomatik vergeht eben nicht über Nacht, sondern benötigt für den Weg zurück auch Zeit.
Es ist schön zu sehen, wie die Stute offenbar ihre – ich nenne es mal Blockade – überwinden konnte und sich wieder engagiert und fleißig unter dem Sattel zeigt – eine Voraussetzung für die weitere Ausbildung!
Für die erfolgreiche Behandlung von Beschwerden, die im Gemüt des Pferdes begründet sind, ist es wichtig, dass die Halter ihr Pferd gut im Blick haben. Nur so können wir adäquat auf verändertes Verhalten reagieren. So waren zum Beispiel in dem geschilderten Fall die Hinweise der Halterin zielführend zur Auffindung der ähnlichsten Arznei und auch für die Fallverlaufsbeurteilung.

Kummererlebnisse

Mit Kummer oder traumatischen Ereignissen, gehen Pferde wie Menschen unterschiedlich um. Die Einen kommen gut zurecht und den Anderen macht es zu schaffen. Manchmal reicht schon der Verlust der Bezugspersonen durch Kauf oder Verkauf, um die Pferde aus dem Gleichgewicht zu bringen, oder die Pferde sind dem Turnierstress nicht gewachsen. Man muss bei der Ursachenforschung aufpassen, dass man nicht zu sehr in die Interpretation gerät, was möglicherweise für den Zustand des Pferdes ursächlich gewesen sein könnte. Manchmal gibt es aber klare zeitliche Zusammenhänge von Ereignissen und darauf folgende Verhaltensänderungen der Pferde.

Es gibt in der Homöopathie 96 sogenannte Kummermittel, die wichtigsten beiden stelle ich Ihnen hier vor:

Gemüt - Beschwerden durch - Kummer: (96) *Acet-ac.*acon. alum. alum-p. am-m. **AMBR.**aml-ns. anac. ant-c. anthraci. *Apis Arn.* ars. art-v. **AUR.** aur-ar. *Aur-m-n.*aur-s. bar-s. *Bell. Bry.* cadm-s. calc. *Calc-p.* calea-zc. caps. carc. **CAUST.** cham. chin. cimic. clem. *Cocc.* coff. *colch. Coloc.* con. *Crat.* crot-h. cycl. cypr. cypra-eg. dig. *Dros.* elaps *Gels. Graph.* hippoc-k. *Hura Hyos.* **IGN.** ip. *Kali-br.* kali-c. kali-p. **LACH.** lat-h. laur. lob-c. lob-s. lyc. mag-c. naja nat-c. **NAT-M.** nat-p. nat-s. nit-ac. nux-m. *Nux-v. Op.* paull. **PH-AC. PHOS.** phys. pic-ac. *Plat.* psor. *Puls.* pyrusrhus-t. *Samb. Sep.* seq-s. *Sol-o.* spig. **STAPH.** stram. sulph. tarent. tritic-vg. tub. *Uran-n.* **VANIL.** verat. *Zinc.*

Modalitäten

Verschlechterung des Zustandes durch:

- Wärme
- Sonnenhitze
- Wetterwechsel von kalt nach warm
- Überanstrengung
- Kummer

Verbesserung stellt sich ein durch:

- Frische Luft

Natrium muriaticum (Nat-m)
(Kochsalz)

Patienten die Natrium muriaticum benötigen sind gekennzeichnet von Rückzug und Depression. Sie haben einen Kummer oder ein Trauma erlitten und sind darin gefangen. Man sieht ihnen den Kummer regelrecht an, sie zeigen kaum Anteilnahme oder Lebensfreude. Obwohl Pferde Herdentiere sind, findet man unter Natrium muriaticum-Konstitutionen oft regelrechte Einzelgänger die auf Distanz bedacht sind und ihre Ruhe haben wollen.
Der Natrium muriaticum Patient vergisst Enttäuschungen in der Regel nicht, aber getröstet werden will er auch nicht. Diese Pferde sind sehr diszipliniert und kontrolliert, die machen einfach ihren Job und gehen in dieser Leistungsbereitschaft manchmal auch über die eigenen Grenzen. Das macht sie natürlich auch verletzungsanfällig, obwohl sie hart im Nehmen sind. Man findet diese Pferde oftmals im Hochleistungssport, sie geben viel und sind relativ anspruchslos. Was sie tun, wollen sie perfekt machen, versuchen Fehler zu vermeiden, zeigen ihre Grenzen nicht. Da ist der Reiter gefordert, sensibel hinzuschauen um verletzungsträchtige Überlastungen zu vermeiden.
Der äußere Eindruck ist manchmal etwas herb, trotz guter Futteraufnahme finden wir oft Pferde mit etwas eckiger Statur und wenig Bemuskelung, was der Leistungsfähigkeit aber nicht entgegensteht. Manchmal wirken sie tatsächlich wie frühzeitig gealtert. Charakteristisch ist das ausgeprägte Verlangen nach Salz und die Unverträglichkeit von Sommerhitze.

Ignatia (Ign)
(Ignatiusbohne)

Ignatia-Patienten zeigen ein anderes Bild als Natrium muriaticum-Pferde, die eher zurückgezogen sind und einen stillen Kummer erleiden. Ignatia-Patienten erleiden auch tiefen Kummer, äußern sich aber sehr emotional, fast hysterisch, sie können völlig irrational und widersprüchlich reagieren.
Das Arzneimittelbild ist insgesamt gekennzeichnet durch launische Stimmungswechsel, Widersprüchlichkeit und Hysterie. Die Pferde suchen zum Beispiel die Aufmerksamkeit oder Zuwendung, um diese im nächsten Moment wieder abzulehnen – sie scheinen eine Achterbahn der Emotionen zu durchleben.
Charakteristisch ist die emotionale Intensität, Ignatia-Patienten erleben alle Emotionen – Kummer, Angst aber auch Freude mit einer Intensität wie es bei keinem anderen homöopathischen Mittel vorkommt.

Auffälliges Rosseverhalten

Gynäkologische Probleme bei Stuten können sehr vielfältig sein und ebenso unterschiedliche Ursachen haben. Denen muss man auf den Grund gehen, damit man weiß, WAS das zu Behandelnde ist.

Hormonelle Dysbalancen sind mögliche Ursachen für: Dauerrosse oder ausbleibende Rosse, hengstiges Verhalten oder Unreitbarkeit etc. Es können aber auch Entzündungen oder Tumore hinter diesen Auffälligkeiten stecken.

Ich kenne einige Stuten im Sport, die hormonell behandelt werden, damit die Auswirkungen der Rosse gemildert werden – manche sind einfach hinsichtlich ihres Verhaltens wie auch ihrer Leistung unberechenbar.

Wenn Sie eine Stute haben, die während der Rosse auffällige Verhaltensveränderungen zeigt, denken Sie doch mal an eine homöopathische Behandlung.

Pulsatilla, die Küchenschelle.

Auch in so einem Fall wird eine konstitutionelle Behandlung den größten Vorteil haben. Es gibt aber auch Arzneien, die einen besonders ausgeprägten Bezug zum weiblichen Hormonsystem haben. Diese Mittel stelle ich Ihnen nachfolgend vor:

Pulsatilla (Puls) und Sepia (Sep)

(Küchenschelle und Tintenfisch(tinte)

Beide Arzneien können für ausgeprägtes stutiges Verhalten in Frage kommen, sind aber in der Ausprägung und auch im äußeren Bild verschieden, sodass man sie gut unterscheiden kann.

Ein Leitsymptom von Pulsatilla, das sich durch das ganze Arzneimittelbild zieht, ist »wechselhaftes, widersprüchliches Verhalten«. Die Arznei kommt bei den verschiedensten Zyklusstörungen in Frage.

Stuten, zu denen Pulsatilla passt, sind lieb und freundlich. Sie genießen jede Form von Zuwendung. Vor oder während der Rosse werden sie oftmals besonders sensibel und reagieren empfindlich auf jede Änderung der üblichen Routine. Es können Rückenschmerzen auftreten, was mitunter Probleme beim Reiten verursacht.

Pulsatilla-Pferde sind keine Sportskanonen, aber bis zur leichten Klasse können sie gut mithalten. Sie neigen eher dazu, dick und gemütlich zu werden. Charakteristisch ist die Abneigung gegen Wärme – sie brauchen frische Luft – und eine gewisse Durstlosigkeit. Das konstitutionelle Bild von Pulsatilla habe ich im Kapitel Kolik ausführlicher beschrieben.

Sepia-Stuten hingegen sind sehr sportlich und leistungsbetont, daher findet man diese Konstitutionen sehr häufig im Leistungssport, bis in die höchsten Klassen. Ihr Auftreten ist häufig dominant, männlich herb und stolz. Zuwendung lehnen sie ab.

Sepia-Patienten – im Gegensatz zu Pulsatilla – lieben die Sonne. Sie brauchen die Wärme. Charakteristisch ist ihre Neigung zu heftiger Bewegung, alles scheint besser zu werden bei intensiver Bewegung.

Haben Sie schon mal Tintenfische im Wasser gesehen? Die können einerseits unglaubliche Geschwindigkeiten entwickeln, andererseits hat man manchmal den Eindruck, als würden sie regelrecht tanzen. Hierfür scheinen Sepia-Pferde ein gewisses Talent zu haben.

Sepia-Konstitutionen entwickeln eine ausgeprägte Eigenständigkeit und ordnen sich nur ungern unter. Der Schlüssel zum Erfolg liegt darin, ihre Eigenarten zu akzeptieren und ihnen quasi auf Augenhöhe zu begegnen, sonst sind Diskussionen um die Dominanz zu erwarten.

Äußerlich fallen diese Stuten durch einen gewissen männlichen Ausdruck auf. Ihr Körperbau ist oft eckig und etwas grob im Gegensatz zur sehr weiblichen und runden Pulsatilla-Stute. Vor und während der Rosse können Rückenbeschwerden und Steifheiten auftreten, auch ist die Leistungsbereitschaft beeinträchtigt. Die Pferde lassen sich plötzlich sehr bitten und ihre Abneigung gegen Gesellschaft ist noch ausgeprägter – sie wollen lieber Ruhe haben.

Fast alle Kalamare haben eine Farbstoffdrüse, aus der sie bei Gefahr eine schwarz-braune Flüssigkeit (Sepia) ausstoßen. Zur Herstellung der homöopathischen Arznei Sepia wird der getrocknete Inhalt dieses Tintenbeutels verwendet.

DIE HOMÖOPATHISCHE STALLAPOTHEKE

In den vorangegangenen Kapiteln haben Sie kennengelernt, wie Sie verschiedene Erkrankungen bei Ihrem Pferd homöopathisch behandeln können. Akute Situationen erfordern sofortiges Handeln. Ich möchte an dieser Stelle zusammenfassend die homöopathischen Arzneien aufführen, die aus meiner Sicht in eine Stallapotheke gehören.

Ich schlage vor, alle Mittel in der Potenz C30 vorzuhalten. Ein Hinweis noch: Es ist wichtiger, die Mittel dabei zu haben, wenn Sie mit Ihrem Pferd unterwegs sind, als ganz genau zu wissen, wie im Akutfall vorzugehen ist. Wenn Sie unsicher sind, welche die richtige (ähnlichste) Arznei ist, rufen Sie einen erfahrenen Homöopathen an, der Sie unterstützen kann.

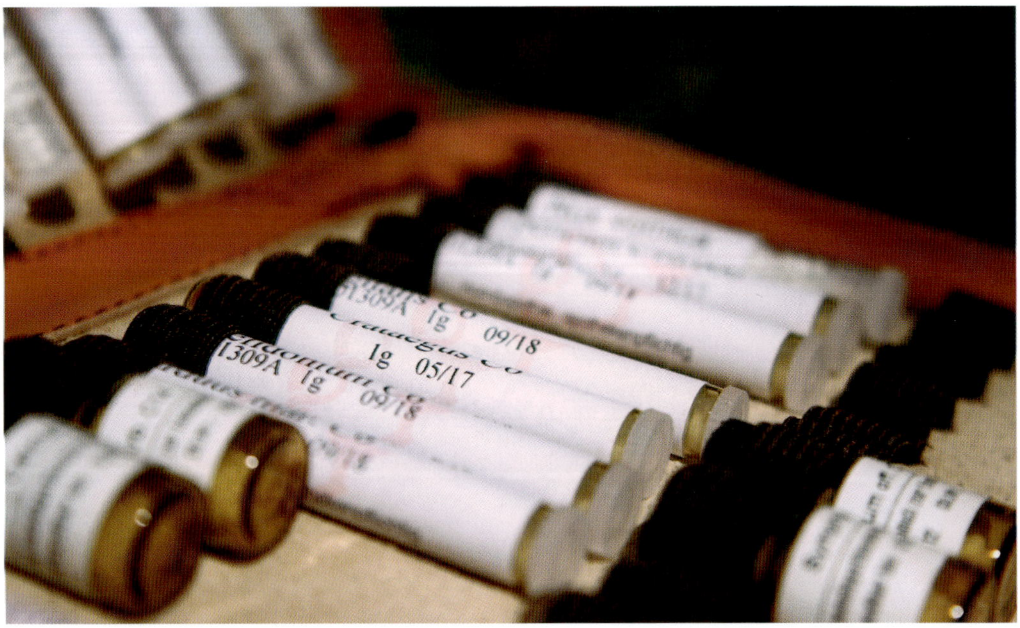

In praktischen Taschenapotheken lassen sich homöopathische Arzneien geordnet und griffbereit aufbewahren.

Mir fällt dazu der Fall eines Pferdes ein, das mit seiner Familie im Urlaub auf einer kleinen ostfriesischen Insel war und dort an einem Sonntagabend Koliksymptome entwickelte. Der sofort informierte Tierarzt konnte aber erst am nächsten Morgen kommen. Glücklicherweise waren die Besitzer gut vorbereitet und hatten Ihre Stallapotheke dabei.
Nach Schilderung der Symptome und der Umstände des Entstehens kam als ähnlichste Arznei Nux vomica in Frage. Wiederholte Gaben – solange die Symptome anhielten – haben das Pferd gut durch die Nacht gebracht, sodass der Tierarzt am nächsten Morgen auch Entwarnung geben konnte. In diesem Fall hat die Homöopathie quasi erste Hilfe geleistet. Dennoch – um das nochmal ganz klar zu formulieren – ersetzt die Homöopathie nicht den Tierarzt! Bis dieser aber vor Ort ist, kann man die Zeit mit homöopathischen Mitteln sehr effektiv nutzen!

DIE STALLAPOTHEKE (Potenz C30)

A

Aconitum (Eisenhut)
Schock nach Unfall, plötzliches hohes Fieber nach kaltem Wind, Hitzschlag, plötzliche heftige Traumen, Angst- und Panikreaktionen

Apis (Honigbiene)
Allergische Reaktion (Insektenstiche, Impfung), Allergischer Schock, Atemnot (Notfall – Tierarzt verständigen!), Nesselfieber, Zellgewebsentzündung, akute Gelenkentzündung mit praller ödematöser Schwellung, Ödeme, Bindehautentzündung

Arnica (Bergwohlverleih)
Folgen von Überanstrengung und Schock, akute stumpfe Traumata: Prellung, Quetschung, Zerrung, Verstauchung, Bluterguss, Kopfverletzungen, Traumatischer Schreck nach Unfall, traumatische Hufrehe (Überlastung)

Arsenicum album (weißes Arsenic)
Durchfall mit extremer Schwäche, Austrocknung, Magen-Darmentzündung, Atemwegserkrankungen, Atemnot, Frieren und Angst, unverhältnismäßige Schwäche

B

Belladonna (Tollkirsche)
Sonnenstich, Hitzschlag, mit Blutandrang einhergehende Fieberzustände, Kolik, plötzliche Entzündungen, Zellgewebsentzündung, Abszesse

Bryonia (weiße Zaunrübe)
akute »Banane« – Tendinitis mit frischem Bogen der Sehne, Sehnenscheiden- und Gelenkentzündung mit deutlichem Erguss, jede Bewegung verschlimmert!

C

Calendula officinalis (Ringelblume)
Homöopathisches Antiseptikum, Stillt kleinere Blutungen, Infizierte, eiternde Wunden, Wunden mit Substanzverlust, Schmerzlindernd!

E

Echinacea (Sonnenhut)
Stärkung des Immunsystems, beginnende Infektion – Blutvergiftung

Euphrasia (Augentrost)
Bindehautentzündung, Hornhautentzündung, reichlicher, wundmachender Tränenfluss, milde Absonderung aus der Nase

H

Hepar sulphuris (Kalk-Schwefel-Leber)
Akute Entzündungen, Abszesse, Eiterungen, erstes Mittel bei Hufabszess, Zellgewebsentzündung, Druse

Hypericum (Johanniskraut)
Sehr schmerzhafte Verletzungen in nervenreichem Gewebe, starke Schmerzen, Lähmungen, Folgen von Sturz

L

Ledum (wilder Rosmarin)
Insektenstiche die sich kalt anfühlen (Apis ist heiß), Stichverletzungen, Nageltritt, Nesselfieber, Bisswunden (spitze Zähne), entzündliche Reaktion, möglicherweise Fieber, Bluterguss, Entzündung nach Injektion oder Infusion

N

Nux vomica (Brechnuss)
Vergiftung, Magen- und Darmerkrankungen, Kolik!, akute Atemwegsinfekte, Folgen von Stress, Kreuzverschlag, akute Hufrehe (toxisch!)

Euphrasia, Augentrost.

R

Rhus toxicodendron (Giftsumach)
Verstauchungen, Zerrungen, Sehnenverletzungen, Folgen von Überanstrengung, Myositis: Muskelkater durch Überanstrengung, Bindehautentzündung, schmerzhafte Gelenkentzündungen, Entzündung von Schleimbeuteln, Bewegung bessert!

Ruta (Weinraute)
Verletzungen von: Beugesehnen, Fesselträgerapparat, Ansatzstellen von Sehnen, Verletzung und Entzündung der Knochenhaut, frische Exostosen, Schleimbeutelentzündung

Äusserliche Anwendung

Calendula Urtinktur (Ringelblume)

Zur äußerlichen Anwendung bei Wunden
Anwendung: In warmem Wasser oder Kochsalzlösung verdünnt anwenden.
Wirkung: desinfizierend und heilungsfördernd
Achtung: Wartezeit 48 Stunden!

Euphrasia Tee (Augentrost)

Zur äußerlichen Anwendung bei Bindehautentzündung, tränenden und entzündeten Augen.
Anwendung: Tee aufbrühen, eine saubere Kompresse mit warmem Tee tränken und die Augen vorsichtig säubern.
Wirkung: entzündungshemmend

Nachfolgend präsentiere ich Ihnen noch Fallbeispiele, bei denen Arzneien und Mittel zur äußeren Behandlung aus der Stallapotheke zur Anwendung kamen:

FALLBEISPIEL

Bindehautentzündung

Patient: 12-jähriger Wallach, Springpferd

Das rechte Auge tränte ziemlich stark, mit schleimigem Sekret. Eine Verletzung war nicht feststellbar. Die Lider waren stark geschwollen, die Bindehäute rot und das Auge war nur halb geöffnet. Das Geschehen schien ziemlich schmerzhaft.
Ich säuberte das Auge zunächst mit warmem Euphrasia-Tee. Es ist immer wieder erstaunlich wie die Tiere das auch bei schmerzhaften Prozessen tolerieren, es scheint ausgesprochen wohl zu tun.
Zusätzlich bekam der Patient eine (einzige!) Gabe Apis C30. Wir erinnern kurz zu Apis: ödematöse Schwellung, blutrote Bindehäute, schmerzhaft.
Am nächsten Morgen, keine 12 Stunden später, sah das Auge aus als wäre nie etwas gewesen, das Pferd war munter und fröhlich!
Dieses Fallbeispiel zeigt, dass Sie in solchen Fällen homöopathisch sehr schnell Besserung erreichen können, sei es auf dem Turnier oder zu Hause. Es braucht nicht sofort eine Kortisonsalbe, dann wäre ein Turnier aufgrund der Dopingrelevanz auch beendet.

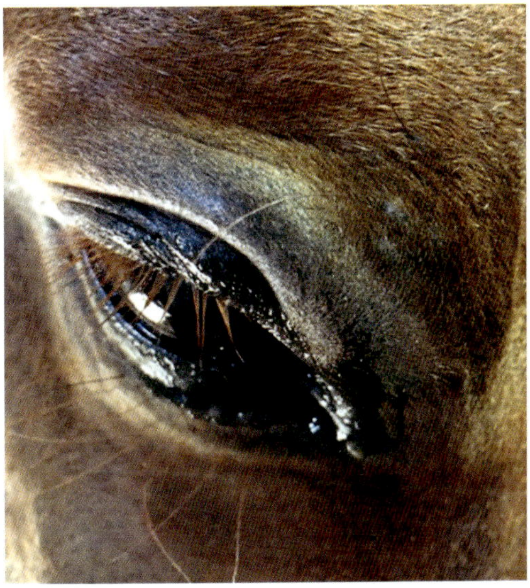

Akute Bindehautentzündung des rechten Auges.

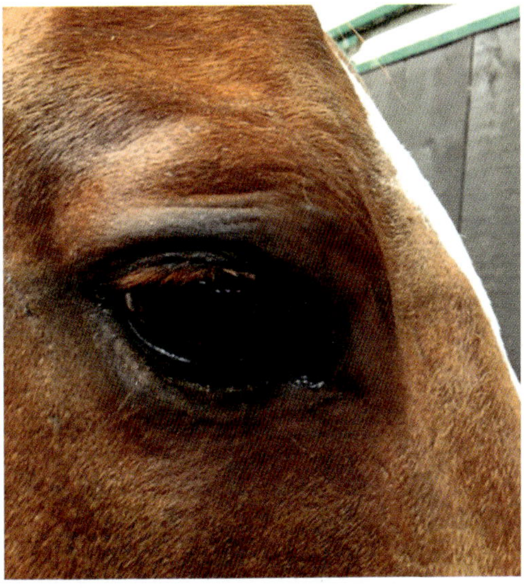

Dasselbe Auge 12 Stunden später.

FALLBEISPIEL

Schnitt- und Quetschwunden

Symptomatik: Starke Unruhe, zahlreiche oberflächliche Schnitt- und Quetschwunden an allen Beinen.
Patient: Wallach, 10 Jahre alt, Dressurpferd

Das Pferd war bei einem Ausbruchsversuch aus dem Stallzelt in die Umzäunung einer Weide geraten, hatte sich quasi in die Litze eingewickelt und dabei Panik bekommen.
Alle Beine waren übersät mit Schnittwunden und Quetschungen durch den Zug der Litze. Das Pferd war zum Zeitpunkt meines Eintreffens immer noch sehr aufgeregt, eine Lahmheit war nicht festzustellen. Die Wunden waren, wenn auch zahlreich, aber dennoch zumeist an der Oberfläche mit nur wenig Blutung.
Als erste Maßnahme bekam das Pferd eine Dosis Arnica C1000. Arnica ist die erste Arznei bei allen stumpfen Verletzungen, Prellungen und Quetschung kleinerer Blutgefäße. Ebenso gehören oberflächliche Wunden und Blutergüsse zum Wirkspektrum. Arnica ist aber ebenfalls das erste Mittel nach einem Unfall mit Schock- und Schreckzuständen.
Zur Desinfektion der Wunden habe ich äußerlich Calendula Urtinktur verwendet. Calendula wird auch als das »Homöopathische Antiseptikum« bezeichnet, hat eine phantastische Wirkung auf die Wundheilung und verhindert Wundinfektionen.
So war es auch in diesem Fall. Es ist zu keinen Schwellungen oder Entzündungen gekommen. Das Pferd war am nächsten Tag völlig beschwerdefrei. Auf den Wunden hatte sich eine leichte Kruste gebildet, die sich nach wenigen Tagen ablöste, darunter sah man verheiltes Gewebe. Es waren keinerlei Bewegungseinschränkungen festzustellen.

Calendula, die Ringelblume.

SCHLUSSGEDANKEN

Komplexmittel

Häufig kommen bei der Behandlung mit homöopathischen Mitteln sogenannte Komplexmittel zum Einsatz. Gestatten Sie mir hierzu eine kurze Einschätzung:

Komplexmittel bestehen aus mehreren verschiedenen potenzierten Einzelmitteln in niedriger D-Potenz. Eine Verordnung erfolgt in der Regel aufgrund der Diagnose einer bestimmten Erkrankung – also auf rein klinischer Ebene, ohne den Patienten in seiner Gesamtheit und Individualität zu betrachten. Ich möchte zu bedenken geben, dass jede enthaltene Arznei ein großes Wirkspektrum beinhaltet und eine Spur beim Patienten hinterlässt! Mehr noch, die Mittel können sich gegenseitig antidotieren, verstärken oder sogar einen feindlichen Bezug zueinander haben.

Jedes einzelne homöopathische Mittel hat zahlreiche verschiedene Wirkungen.

Die Wirkung von Komplexmitteln ist in jedem Fall unspezifisch, vergleichbar mit einer Schrotflinte. Die Fallbeurteilung wird dadurch auf jeden Fall erschwert, da nicht sicher ist, welche Reaktion beim Patienten durch welches Mittel ausgelöst wurde. Dementsprechend ist auch die Beurteilung der weiteren Vorgehensweise bei der Behandlung schwieriger.

Komplexmittel werden aus homöopathischer Sicht häufig überdosiert (z.B. 5 Tabletten, 3-mal täglich). Das widerspricht einerseits Hahnemanns Grundsatz: »So viel wie nötig, so wenig wie möglich« und birgt andererseits die Gefahr sogenannter Arzneimittelprüfungen. Wie erinnern, bei einem Zuviel an homöopathischer Gabe, kann der Patient Symptome aus dem Arzneimittelbild entwickeln.

Ich habe es bereits erlebt, dass Pferde die längerfristig mit Komplexmitteln behandelt wurden, in denen Belladonna oder Nux vomica enthalten waren, immer wieder Koliken bekamen. Natürlich wird hier zunächst kein Zusammenhang hergestellt. Dieser ergibt sich erst, wenn die Kolikbereitschaft nach Absetzen des Komplexmittels nachlässt.

Seien Sie bitte umsichtig bei der Dosierung von Komplexmitteln! Viel hilft nicht viel! Im Gegensatz zur Wirkung von Komplexmitteln, gleicht die Behandlung mit einer nach dem Ähnlichkeitsgesetz ausgewählten Arznei, quasi einem Zielfernrohr.

Grenzen der Selbstbehandlung

Die erste Entscheidung muss in jedem Fall die sein, ob der Fall, die Erkrankung oder Verletzung Ihres Pferdes in die Hände eines Tierarztes gehört!

Danach eröffnen sich mehrere Möglichkeiten: Entweder man nutzt im Akutfall effektiv homöopathisch die Zeit bis der Tierarzt da ist, oder eine schulmedizinische Behandlung wird homöopathisch unterstützt. In vielen Fällen wird tatsächlich eine alleinige homöopathische Behandlung ausreichen, um dem Pferd zu helfen.

Sie kennen das wahrscheinlich, sobald unsere eigenen Tiere erkrankt sind, neigen wir zu großer Sorge. Das macht die Auswahl einer ähnlichen homöopathischen Arznei nicht ganz einfach, denn unsere Wahrnehmung ist möglicherweise eingeschränkt. Wir tun uns schwer, die charakteristischen und besonderen Symptome von den im Krankheitsfall zu erwartenden Symptomen zu unterscheiden.

In der Regel haben wir zu wenig Abstand zu dem (eigenen) Patienten, um den Fall objektiv zu beurteilen. Ich bin da übrigens keine Ausnahme.

Um etwas Distanz herzustellen hat es mir schon häufig geholfen, die Symptome aufzuschreiben und erst dann zu bewerten. Also das eigene Pferd – auf dem Papier – wie einen fremden Patienten zu sehen und mal außen vor zulassen, was wir alles von ihm wissen.

Bleiben Sie also möglichst ruhig und überlegt und trauen Sie sich zu, die passende Arznei zu verabreichen. Und wenn es im ersten Anlauf nicht gelingt, heißt es noch genauer hinzuschauen und neu zu überlegen. Dann sitzt womöglich die zweite Verschreibung.

Hierbei wünsche ich Ihnen viel Erfolg und auch viel Freude – seien sie ruhig ein wenig mutig und wenn es nicht gelingt, holen Sie sich Unterstützung.

Herzlichst,
Ihre Susanne Kleemann

»Das Pferd ist dein Spiegel. Es schmeichelt dir nie. Es spiegelt dein Temperament. Es spiegelt auch deine Schwankungen. Ärgere dich nie über dein Pferd; du könntest dich ebenso über deinen Spiegel ärgern.«
(aus: Reitvorschrift für eine Geliebte, Rudolf G. Binding)

Register homöopathischer Mittel

Die **fettgedruckten Seitenzahlen** bedeuten dass die homöopathische Arznei an dieser Stelle ausführlich, auch im Sinne einer konstitutionellen Betrachtung beschrieben ist.

An einigen Stellen in diesem Buch werden die in der Homöopathie allgemein gebräuchlichen Abkürzungen verwendet. Eine Übersicht können Sie unter folgendem Link downloaden: **www.chiron-net.org/homöopathie/abkürzungen-hom-arzneimittel/**

Service

Zu guter Letzt noch ein paar persönliche Empfehlungen und interessante Adressen:

Wie erkenne ich einen guten (Tier)-Homöopathen?

- Durch eine ausführliche Anamnese (Fallaufnahme) und Auswertung.
- Durch die Verabreichung nur einer einzigen Arznei, die bei Bedarf wiederholt wird.
- Erst nach Abwarten und Beobachtung der Reaktion des Patienten wird über den weiteren Verlauf der Behandlung entschieden.

(nach Dr. Künzli)

Echter Heilkünstler

Der Arzt (Homöopath) ist ein echter Heilkünstler, wenn er zweckmäßig und gründlich handelt und folgende Aufgaben beherrscht:

1. Krankheitskenntnis, Indikation:

Wenn er deutlich einsieht, was an jedem einzelnen Krankheitsfall im Besonderen zu heilen ist. (Similia = das Ähnliche)

2. Kenntnis der Arzneikräfte:

Wenn er deutlich einsieht, was an jeder Arznei im Besonderen das Heilende ist. (Similibus = durch das Ähnliche)

3. Wahl des Heilmittels, Indikat:

Wenn er das Heilende der Arzneien nach deutlichen Gründen beim Kranken so anwendet, dass Genesung erfolgen muss, hinsichtlich:

- Der richtigen Arznei (Wahl des Heilmittels, Indikat)
- Als auch der Zubereitung und Menge (richtige Gabe)
- Als auch der Gabenwiederholung (Curentur = ist zu heilen)

4. Wenn er die Hindernisse der Genesung kennt und

- weiß, wie sie zu beseitigen sind,
- damit die Herstellung von Dauer ist.

(Samuel Hahnemann; § 3 Organon)

Apotheken

Folgende Apotheken stellen homöopathische Arzneien her:

Gudjons Apotheke
Friedrich-Merz-Str. 1
86153 Augsburg
www.gudjons-apotheke.de

Dr. Grimms Apotheke
Osterstr. 77
20259 Hamburg
www.dr-grimms.de

Deutsche Homöopathie Union
Ottostr. 24, 76227 Karlsruhe
www.dhu-globuli.de

Taschenapotheken

Auf Wunsch werden die Mäppchen von beiden Apotheken mit homöopathischen Arzneien befüllt.

Gudjons Apotheke
Friedrich-Merz-Str. 1
86153 Augsburg
www.gudjons-apotheke.de

Dr. Grimms Apotheke
Osterstr. 77
20259 Hamburg
www.dr-grimms.de

Mäppchen von Sonnenleder
Der Originaltasche von Hahnemann nachempfunden werden die Etuis aus nachhaltigem Naturleder ohne Metall gearbeitet.
Eine mögliche Bezugsquelle:
www.wellness-shop.de

Tierhomöopathen

Eine Therapeutenliste finden Sie beim Berufsverband klassischer Tierhomöopathen Deutschlands (BkTD):
www.bktd.com

Literatur- und Quellenverzeichnis

Binding, Rudolf G.: Reitvorschrift für eine Geliebte, Olms Presse, 2001

Baumgartner, Walter: Klinische Propädeutik, Parey in MVS Medizinverlage Stuttgart GmbH & Co.KG, (6. Auflage), 2005

Bailey, Philip M. : Psychologische Homöopathie, Persönlichkeitsprofile von großen homöopathischen Mitteln, Knaur, Mens-Sana, 2000

Bhanja, K.C.: Masterkey zur homöopathischen Materia medica, Berndt von der Lieth – Verlag für Homöopathie, (2. Auflage), 2006

Cavallo Spezial: Medizin Kompendium, 2018

Couzens, Tim: Das PFERDE-Homöopathie-Buch, Narayana Verlag 2010

Daubenmerkl, Wolfgang: Tierkrankheiten und ihre Behandlung, Wissenschaftliche Verlagsgesellschaft mbH Stuttgart, (2. Auflage) 2004

Genneper, Thomas u. **Wegener**, Andreas: Lehrbuch der Homöopathie, Grundlagen und Praxis, Karl F. Haug Verlag, 2004

Grothus, Claudia: Lernbuch Q-Potenzen, Verlag Peter Irl, (2. Auflage) 2011

Grönemeyer Prof. Dr., Dietrich: Weltmedizin, S. Fischer, 2018

Gruyter de, Walter: Pschyrembel Klinisches Wörterbuch, Walter de Gruyter GmbH & Co.KG, (261. Auflage), 2006

Hahnemann Dr. med., Samuel: Organon 6 der Heilkunst, Verlag Peter Irl, 2007

Hering, Constantin: Kurzgefasste Arzneimittellehre, Narayana Verlag, (1. Ausgabe) 2008

Heüveldop, Sabine: Hustenratgeber Pferd, Müller Rüschlikon Verlag, (1. Auflage) 2019

Jus, Mohinder Singh: Verletzungen homöopathisch behandeln, Homöosana, SHI Homöopathie AG, Zug, (1. Auflage) 2007

Kent, James Tyler: Homöopathische Arzneimittelbilder Band 1–3, Karl F. Haug Verlag, Hüthig GmbH, Heidelberg, 1998

König, Horst Erich/**Liebig**, Hans-Georg: Anatomie der Haussäugetiere, Schattenhauer GmbH (3. Auflage) 2005

Kleven, Helle Katrine: Biomechanik und Physiotherapie für Pferde, FN Verlag, 2009

Krokowski, Carola: Akupunktur und Phytotherapie beim Pferd, Enke Verlag, 2003

Krüger, Christiane P.: Praxisleitfaden Tierhomöopathie, Sonntag Verlag, 2010

Krüger, Christiane P.: Handbuch der homöopathischen Pferdeapotheke, Narayana Verlag GmbH, 2013

Marx-Holena, Hilke: Homöopathie für Pferde, BLV Buchverlag GmbH & Co.KG, 2006

Nolting Dr., Björn: Die Zerreiß-Probe, in: Reiter Revue international 09/2012

Pareek, R. S. u. **Pareek**, Alok: Homöopathie für Notfälle und akute Erkrankungen, Narayana Verlag GmbH, 2013

Pferdeklinik am Kottenforst: Leistungsschwäche und Leistungsoptimierung bei Sport- und Freizeitpferden, 22.10.2016

Peichl, Monika: Haustiere impfen mit Verstand, Norbert Höpfinger Verlag, 2009

Rasch, Konstanze: Problemlos Eisenlos, Müller Rüschlikon Verlag, (1. Auflage) 2013

Ratera, I. u. **Mateu**, Dr. Manuel: Erste Hilfe durch Homöopathie, Hahnemann Institut – Privatinstitut für homöopathische Dokumentation GmbH, 2006

Rohde, Carsten: Vortrag: Gesundheitliches Management und Dopingprävention beim Sportpferd

Saxton, John/**Gregory**, Peter: Lehrbuch der Veterinärhomöopathie, Sonntag Verlag 2006

Scholten, Jan: Übersicht über die Beweise für die Homöopathie http://janscholten.com/uncategorized/evidence-for-homeopathy/

Stadler, Prof. Dr. Peter; Pferdeklinik der Tierärztlichen Hochschule Hannover, Vortrag: Leistungsfähigkeit und Leistungsgrenzen des Pferdes – physiologische Grundlagen, 31.03.2012

Steingassner, Hans Martin: Homöopathische Materia Medica für Veterinärmediziner, Wilhelm Maudrich Nfg. GmbH & Co.Kg, Verlag für medizinische Wissenschaften, 2007

Wintzer, Hanns-Jürgen: Krankheiten des Pferdes, Parey Buchverlag im Blackwell Wissenschafts-Verlag GmbH, (3. Auflage), 1999

Interessante Websites

www.simillimum.net
www.homöopathie.de
www.pferd-aktuell.de/turniersport/anti-doping-und-medikation
www.pferde-klinik.de
www.german-racing.com
www.pferdeaerzte.de
www.pharmawerk-weinboehla.de
www.vetmeduni.ac.at
www.dr-susanne-weyrauch.de
www.omento.com
www.de.wikipedia.org
www.chiron-net.org/homöopathie/abkürzungen-hom-arzneimittel/

Buchempfehlungen zum Weiterlesen

Philip M. Bailey
Psychologische Homöopathie
Knaur Verlag 2000

K.C. Bhanja
Masterkey zur homöopathischen Materia Medica
Verlag für Homöopathie - Literatur und Software - B. von Lieth 2006

William Boericke
Handbuch der homöopathischen Arzneimittellehre
Narayana Verlag 2018

Tim Couzens
Das PFERDE-Homöopthie-Buch
Narayana Verlag 2010

Dr. med. Samuel Hahnemann
Organon 6 der Heilkunst
Narayana Verlag 2007

Sabine Heüveldop
Husten-Ratgeber Pferd
Müller Rüschlikon Verlag 2019

Sabine Heüveldop u. Annette Hackbarth
Alte Pferde: Altersgerechte Haltung, Pflege und Bewegung
Müller Rüschlikon Verlag 2015

Christiane P. Krüger
Handbuch zur homöopathischen Pferdeapotheke
Narayana Verlag 2013

Christiane P. Krüger
Praxisleitfaden Tierhomöopathie
Sonntag Verlag 2010

Pareek, Radhe Shyam und Pareek, Alok
Homöopathie für Notfälle und akute Erkrankungen
Narayana Verlag 2013

Abdur Rehmann
Handbuch der homöopathischen Arzneibeziehungen
Karl F. Haug Verlag 2007

John Saxton, Peter Gregory
Lehrbuch der Veterinärhomöopathie
Sonntag Verlag 2006

Bildnachweis

@stock.adobe.com: S. 3, 39 (Daniil Melnikov), 4, 35 (Gerhard Seybert), 5 (re.), 13 upixa, 9 (Bjoern Wylezich), 11 (Jürgen Lenzen), 15 (Heike Rau, Juulijs), 16 (Uwe Bumann), 21 (kreativwerden), 23 (Szasz-Fabian Ilka Erika), 24 (L.Klauser), 25 (Fotoschlick), 28 (kebox), 29 (Sibylle Mattern), 30 (Petra Eckerl), 31 (acceptfoto), 33, 64 (Gabriel Cassan), 34 (Anita Zander), 36 (AnnaElizabeth), 41 (B.E. Lewis), 42 (Manfred Ruckszio), 43 (Lobra), 45, 72 (Talitha), 46 (hayo), 49 (re.), 50 (Leonid Ikan), 52 (aga7ta), 53 (Tanja Esser), 54 (vaivirga), 56 (niku16), 57 (weerayut, jonnysek), 62 (l.) (lcrms), 66 (compagnie-17), 67 (Hirayama Toshiya), 70, 84 (Grigorita Ko), 78 (assja_sav), 80 (David.Sch), 82 (Xavier), 83 (dbunn), 86 (chamillew), 88 (volff), 89 (u.) (Nicolas Bellet), 92, 93 (Kunstzeug), 98 (intheskies), 100 (135pixels), 103, 119 (irottlaender), 105 (diyanadimitrova), 107 (Eileen Kumpf), 108, 110 (enskanto), 114,141 (Panosud 360), 115 (goldbany), 128, 129 (Henri Koskinen), 134 (Robert Kraft), 139 (EKH-Pictures), 142 (lichtreflexe), 147 (imstock), 150 (Karin Jähne), 152 (LianeM), 153 (juefraphoto), 155 (eddy02), 160 (tunedin); **Heüveldop, Sabine**: S. 22, 38, 48, 49 (l.), 51, 58, 60, 61, 62 (re.), 68, 81, 89 (o.), 95, 96, 97, 106, 112, 116, 117, 118, 140, 146, 154; **Kleemann, Susanne**: S. 5 (l.), 37, 59, 63, 73, 75, 124, 130, 131, 148, 151; **Standret/Shutterstock.com**: S. 26